U0394765

槎
善琏湖笔厂
湖笔制作技艺

# 湖笔制作技艺

**总主编 杨建新**

程建中 编著

浙江摄影出版社

# 浙江省非物质文化遗产代表作丛书编委会

# 总序

浙江省人民政府省长 吕祖善

中华传统文化源远流长，多姿多彩，内涵丰富，深深地影响着我们的民族精神与民族性格，润物无声地滋养着民族世代相承的文化土壤。世界发展的历程昭示我们，一个国家和地区的综合实力，不仅取决于经济、科技等“硬实力”，还取决于“文化软实力”。作为保留民族历史记忆、凝结民族智慧、传递民族情感、体现民族风格的非物质文化遗产，是一个国家和地区历史的“活”的见证，是“文化软实力”的重要方面。保护好、传承好非物质文化遗产，弘扬优秀传统文化，就是守护我们民族生生不息的薪火，就是维护我们民族共同的精神家园，对增强民族文化的吸引力、凝聚力和影响力，激发全民族文化创造活力，提升“文化软实力”，实现中华民族的伟大复兴具有重要意义。

浙江是华夏文明的重要之源，拥有特色鲜明、光辉灿烂的历史文化。据考古发掘，早在五万年前的旧石器时代，就有原始人类在这方古老的土地上活动。在漫长的历史长河中，浙江大地积淀了著名的“跨湖桥文化”、“河姆渡文化”和“良渚文化”。浙江先民在长期的生产生活中，创造了熠熠生辉、弥足珍贵的物质文化遗产，也创造了丰富多彩、绚丽多姿的非物质文化遗产。在2006年国务院公布的第一批国家级非物质文化遗产名录中，我省项目数量位居榜首，充分反映了浙江非物质文化遗产的博大精深和独特魅力，彰显了浙江深厚的文化底蕴。留存于浙江大地的众多非物质文化遗产，是千百年来浙江人民智慧的结晶，是浙江地域文化的瑰宝。保护好世代相传的浙江非物质文化遗产，并努力发扬光大，是我们这一代人共同的责任，是建设文化大省的内在要求和重要任务，对增强我省"文化软实力"，实施"创业富民、创新强省"总战略，建设惠及全省人民的小康社会意义重大。

浙江省委、省政府和全省人民历来十分重视传统文化的继承与弘扬，重视优秀非物质文化遗产的保护，并为此进行了许多富有成效的实践和探索。特别是近年来，我省认真贯彻党中央、国务院加强非物质文化遗产保护的指示精神，切实加强对非物质文化遗产保护工作的领导，制定政策法规，加大资金投入，创新保护机制，建立保护载体。全省广大文化工作者、民间老艺人，以高度的责任感，积极参与，无私奉献，做了大量的工作。通过社会各界的共同努力，抢救保护了一大批浙江的优秀非物质文化遗产。“浙江省非物质文化遗产代表作丛书”对我省列入国家级非物质文化遗产名录的项目，逐一进行编纂介绍，集中反映了我省优秀非物质文化遗产抢救保护的成果，可以说是功在当代、利在千秋。它的出版对更好地继承和弘扬我省优秀非物质文化遗产，普及非物质文化遗产知识，扩大优秀传统文化的宣传教育，进一步推进非物质文化遗产保护事业发展，增强全省人民的文化认同感和文化凝聚力，提升我省“文化软实力”，将产生积极的重要影响。

党的十七大报告指出，要重视文物和非物质文化遗产的保护，弘扬中华文化，建设中华民族共有的精神家园。保护文化遗产，既是一项刻不容缓的历史使命，更是一项长期的工作任务。我们要坚持“保护为主、抢救第一、合理利用、传承发展”的保护方针，坚持政府主导、社会参与的保护原则，加强领导，形成合力，再接再厉，再创佳绩，把我省非物质文化遗产保护事业推上新台阶，促进浙江文化大省建设，推动社会主义文化的大发展大繁荣。

2008年4月8日

**总主编　杨建新**

“浙江省非物质文化遗产代表作丛书”即将陆续出版了，看到多年来我们为之付出巨大心力的非物质文化遗产保护成果以这样的方式呈现在世人面前，我和我的同事们乃至全省的文化工作者都由衷地感到欣慰。

山水浙江，钟灵毓秀，物华天宝，人文荟萃。我们的家乡每一处都留存着父老乡亲的共同记忆。有生活的乐趣、故乡的情怀，有生命的故事、世代的延续，有闪光的文化碎片、古老的历史遗存。聆听老人口述那传讲了多少代的古老传说，观看那沿袭了多少年的传统表演艺术，欣赏那传承了多少辈的传统绝技绝活，参与那流传了多少个春秋的民间民俗活动，都让我深感留住文化记忆、延续民族文脉、维护精神家园的意义和价值。这些从先民们那里传承下来的非物质文化遗产，无不凝聚着劳动人民的聪明才智，无不寄托着劳动人民的情感追求，无不体现了劳动人民在长期生产生活实践中的文化创造。

然而，随着现代化浪潮的冲击，城市化步伐的加快，生活方式的嬗变，那些与我们息息相关从不曾须臾分开的文化记忆和民族传统，正在迅速地离我们远去。不少巧夺天工的传统技艺后继乏人，许多千姿百态的民俗事象濒临消失，我们的文化生态从来没有像今天那样面临岌岌可危的境况。与此同时，我们也从来没有像今天那样深切地感悟到保护非物质文化遗产，让民族的文脉得以延续，让人们的精神家园不遭损毁，是如此的迫在眉睫，刻不容缓。

正是出于这样的一种历史责任感，在省委、省政府的高度重视下，在文化部的悉心指导下，我省承担了全国非物质文化遗产保护综合试点省的重任。省文化厅从2003年起，着眼长远，统筹谋划，积极探索，勇于实践，抓点带面，分步推进，搭建平台，创设载体，干在实处，走在前列，为我省乃至全国非物质文化遗产保护工作的推进，尽到了我们的一份力量。在国务院公布的第一批国家级非物质文化遗产名录中，我省有四十四个项目入围，位居全国榜首。这是我省非物质文化遗产保护取得显著成效的一个佐证。

我省列入第一批国家级非物质文化遗产名录的项目，体现了典型性和代表性，具有重要的历史、文化、科学价值。

白蛇传传说、梁祝传说、西施传说、济公传说，演绎了中华民族对于人世间真善美的理想和追求，流传广远，动人心魄，具有永恒的价值和魅力。

昆曲、越剧、浙江西安高腔、松阳高腔、新昌调腔、宁海平调、台州乱弹、浦江乱弹、海宁皮影戏、泰顺药发木偶戏，源远流长，多姿多彩，见证了浙江是中国戏曲的故乡。

温州鼓词、绍兴平湖调、兰溪摊簧、绍兴莲花落、杭州小热昏，乡情乡音，经久难衰，散发着浓郁的故土芬芳。

舟山锣鼓、嵊州吹打、浦江板凳龙、长兴百叶龙、奉化布龙、余杭滚灯、临海黄沙狮子，欢腾喧闹，风貌独特，焕发着民间文化的活力和光彩。

东阳木雕、青田石雕、乐清黄杨木雕、乐清细纹刻纸、西泠印社金石篆刻、宁波朱金漆木雕、仙居针刺无骨花灯、硖石灯彩、嵊州竹编，匠心独具，精美绝伦，尽显浙江“百工之乡”的聪明才智。

龙泉青瓷、龙泉宝剑、张小泉剪刀、天台山干漆夹苎技艺、绍兴黄酒、富阳竹纸、湖笔，传承有序，技艺精湛，是享誉海内外的文化名片。

还有杭州胡庆余堂中药文化，百年品牌，博大精深；绍兴大禹祭典，彰显民族精神，延续华夏之魂。

上述四十四个首批国家级非物质文化遗产项目，堪称浙江传统文化的结晶，华夏文明的瑰宝。为了弘扬中华优秀传统文化，传承宝贵的非物质文化遗产，宣传抢救保护工作的重大意义，浙江省文化厅、财政厅决定编纂出版“浙江省非物质文化遗产代表作丛书”，对我省列入第一批国家级非物质文化遗产名录的四十四个项目，逐个编纂成书，一项一册，然后结为丛书，形成系列。

这套“浙江省非物质文化遗产代表作丛书”，定位于普及型的丛书。着重反映非物质文化遗产项目的历史渊源、表现形式、代表人物、典型作品、文化价值、艺术特征和民俗风情等，具有较强的知识性、可读性和权威性。丛书力求以图文并茂、通俗易懂、深入浅出的方式，展现非物质文化遗产所具有的独特魅力，体现人民群众杰出的文化创造。

我们设想，通过本丛书的编纂出版，深入挖掘浙江省非物质文化遗产代表作的丰厚底蕴，盘点浙江优秀民间文化的珍藏，梳理它们的传承脉络，再现浙江先民的生动故事。

丛书的编纂出版，既是为我省非物质文化遗产代表作树碑立传，更是对我省重要非物质文化遗产进行较为系统、深入的展示，为广大读者提供解读浙江灿烂文化的路径，增强浙江文化的知名度和辐射力。

文化的传承需要一代代后来者的文化自觉和文化认知。愿这套丛书的编纂出版，使广大读者，特别是青少年了解和掌握更多的非物质文化遗产知识，从浙江优秀的传统文化中汲取营养，感受我们民族优秀文化的独特魅力，树立传承民族优秀文化的社会责任感，投身于保护文化遗产的不朽事业。

“浙江省非物质文化遗产代表作丛书”的编纂出版，得到了省委、省政府领导的重视和关怀，各级地方党委、政府给予了大力支持；各项目所在地文化主管部门承担了具体编纂工作，财政部门给予了经费保障；参与编纂的文化工作者们为此倾注了大量心血，省非物质文化遗产保护专家委员会的专家贡献了多年的积累；浙江摄影出版社的领导和编辑人员精心地进行编审和核校；特别是从事普查工作的广大基层文化工作者和普查员们，为丛书的出版奠定了良好的基础。在此，作为总主编，我谨向为这套丛书的编纂出版付出辛勤劳动、给予热情支持的所有同志，表达由衷的谢意！

由于编纂这样内容的大型丛书，尚无现成经验可循，加之时间较紧，因而在编纂体例、风格定位、文字水准、资料收集、内容取舍、装帧设计等方面，不当和疏漏之处在所难免。诚请广大读者、各位专家不吝指正，容在以后的工作中加以完善。

我常常想，中华民族的传统文化是如此的博大精深，而生命又是如此短暂，人的一生能做的事情是有限的。当我们以谦卑和崇敬之情仰望五千年中华文化的巍峨殿堂时，我们无法抑制身为一个中国人的骄傲和作为一个文化工作者的自豪。如果能够有幸在这座恢弘的巨厦上添上一块砖一张瓦，那是我们的责任和荣耀，也是我们对先人们的告慰和对后来者的交代。保护传承好非物质文化遗产，正是这样添砖加瓦的工作，我们没有理由不为此而竭尽绵薄之力。

值此丛书出版之际，我们有充分的理由相信，有党和政府的高度重视和大力推动，有全社会的积极参与，有专家学者的聪明才智，有全体文化工作者的尽心尽力，我们伟大祖国民族民间文化的巨厦一定会更加气势磅礴，高耸云天！

2008年4月8日

（作者为浙江省文化厅厅长、浙江省非物质文化遗产保护工作领导小组组长）

目录

# 序言 // PREFACE

湖笔，中华“文房四宝”之一——毛笔的精品代表，因诞生于湖州而得名。湖州地处浙江北部，位于秀甲天下的江南地区中心，素有“丝绸之府”“鱼米之乡”“文化之邦”之称。其历史悠久，远在原始社会晚期的新石器时代（距今约5000—5500年）已有人类聚居，中心城市具有二千二百多年的建城历史。隋代起置州治，因滨太湖而名湖州。

湖州历来物阜民殷，宋代就有“苏湖熟，天下足”之说。历代名人辈出，仅书画大家，自古至近现代就有曹不兴、钱舜举、赵孟頫、王蒙、沈铨、吴昌硕、王一亭、沈尹默等，而曾在湖为官或客居的则有张僧繇、王羲之、王献之、智永、颜真卿、苏东坡等。可见，形胜独擅、人文荟萃的湖州，成为中华名品湖笔的原生地并非偶然。

湖笔的历史可远溯至一千四百多年前的隋代，自元代起成为中华毛笔之冠，此后的七百多年中，湖笔制作技艺始终保持着不断精进的传统，湖笔产品的上佳品性和至高地位也一直享誉中外。它对于促进我国书画艺术的进步和发展、丰富我国优秀手工技艺宝库以及传播并弘扬优秀民族文化、推进对外文化交流都发挥了十分重要的作用。拥有湖笔制作技艺这一国家级的非物质文化遗产是湖州的无上光荣和自豪。

随着岁月流转、时代变迁，传统手工技艺在现代社会中不免会遇到新的问题。它的生存、发展环境都发生了重大变化，其实用价值和普及程度都已大大降低，因此，湖笔制作技艺同样遇到了产业萎缩、后继乏人、濒临失传的危难境况。而今，从中央到地方的各级政府大力启动的非物质文化遗产保护工作，其重要的意义正是在于应对现代经济社会发展对民族文化遗产冲击的挑战，力求维系中华民族传统文化的珍贵记忆，激发人民对自身创造力的自尊、自信，从中汲取强大的精神力量而促进国家、民族的可持续发展。对此，我们将自觉地予以充分认识，并决心为保护珍贵的非物质文化遗产做出不懈的努力。

述介湖笔和湖笔文化的著述已多有见世，而从制作技艺的角度进行较全面的记录、阐述，本书还属发轫之作。其旨意是秉承丛书的总体要求，更生动地展示我省丰富、灿烂的珍贵非物质文化遗产，在显示其独特魅力的同时激发全社会合力保护的热情。相信它对于我们正在进行的项目保护工作也具有相当的资料性价值。

宋　捷

2008年9月18日

小楷
善璉湖笔

# 湖笔概述

中国毛笔在元代前以安徽宣城所产的『宣笔』最为著名，南宋时因战乱，宣笔制作逐渐衰落，制笔中心向善琏转移，至元代，善琏制笔终于取代了宣笔的地位，因善琏历来归属湖州，故称『湖笔』。

# 湖笔概述

## [壹]湖笔的含义及原产地

笔、墨、纸、砚是中国传统的书写用具，有“文房四宝”之称，其中的笔即为毛笔。湖笔是中国毛笔的精品代表，以具备 “尖、齐、圆、健” 的毛笔“四德”而著称于世，中国毛笔历经数千年的演变和发展，才凝结成这一誉满中外的中华传统手工技艺名品。

湖笔的原产地在现今湖州市南浔区的善琏镇。湖州地处浙江省北部，南接杭州市余杭区，东邻江苏省吴江市，北临太湖与江苏省无锡市相望，西与安徽省宣州市接壤。湖州的建城历史已有二千二百多年，三国时为吴兴郡，隋代时置州，因近傍太湖而得名“湖州”，元代一度置湖州路，

善琏镇标志性雕塑

善琏镇古桥——庆善桥

善琏古镇风貌

后又改为湖州府。现下辖德清、长兴、安吉三县和吴兴、南浔两区。

善琏镇位于湖州市区东南，为典型的江南水乡集镇。早在隋代，当地毛笔制作即已兴起，清同治《湖州府志》卷二十二载：“善琏镇在府城东南七十里，一名善练，以市有四桥，曰‘福善、保善、庆善、宜善’，联络市廛，形如束练，故名。居民制笔最精，盖自智永僧结庵连溪往来永欣寺，笔工即萃于此。”智永，名王法极，隋朝大书法家，为王羲之七代孙，其寓居善琏三十年

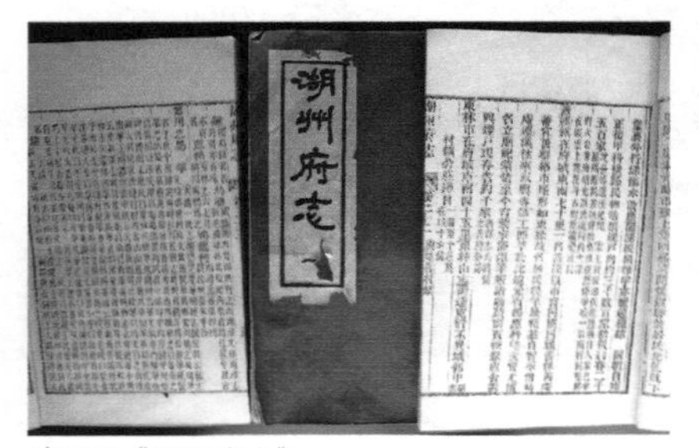

清同治《湖州府志》

永欣寺旧址

善琏镇是典型的江南水乡集镇

退笔冢旧址

习字临书。唐代李绰撰《尚书故实》载："永往住吴兴永福寺，积年学书，秃笔头十瓮，每瓮皆数石。人来觅书并请题头者如市。所居户限为之穿穴，乃用铁叶裹之。人谓为'铁门限'。后取笔头瘗之，号为'退笔冢'，自制铭志。"[1]可证善琏的制笔业距今已有一千四百余年。

中国毛笔在元代前以安徽宣城所产的"宣笔"最为著名，南宋时因战乱，宣笔制作逐渐衰落，制笔中心向善琏转移，至元代，善琏制笔终于取代了宣笔的地位，因善琏历来归属湖州，故称"湖笔"。明万历《湖州府志》卷三载："笔，名品，最多出归安善琏村。相传元时冯应科、陆文宝善制笔，其乡专习而精之，故湖笔名于世。"之后在长达七百多年的历史中，湖笔始终保持着优良的品性，居中国毛笔之冠的地位而从无动摇。

## [贰]湖笔简史

### 1. 中国毛笔的起源及制作技艺的发展

中国毛笔的起源，在古代文献中有多种说法。晋代的成公绥所作《弃故笔赋》说："有仓颉之奇生，列四目而兼明，……乃发虑于书契，采秋毫之颖芒，加胶漆之绸缪，结三束而五重……"[2]明朝人罗颀在《物原》一书中说："虞舜造笔，以漆书于方简。"[3]这些说法把

---

[1] 《四库全书》，上海古籍出版社，1987年版。

[2] 《古今图书集成》第一百四十七卷，台湾鼎文书局，1977年初版。

[3] 清梁同书《笔史》，载《丛书集成初编·笔史》，中华书局，1985年北京新一版。

毛笔的起源归于仓颉或虞舜所造，显然带有神话传说色彩，但其中表露的认识就是毛笔在上古时期就开始出现了。

根据考古实物资料，在新石器时代早期仰韶文化的陶器上，绘有许多彩色花纹，线条匀称，色彩鲜明，很像是用毛笔一类的软性描绘工具涂画出来的。因此，当时即使没有完善的、定型的毛笔，也会有类似毛笔的绘写工具。据此推算，毛笔的产生当在距今五六千年以前。

到了商朝，甲骨文中已经有表示“笔”的字了，识为“聿”，其形状就像一只手握笔的样子。甲骨文大多数是用刀直接刻在甲骨上的，但是在殷墟出土的甲骨和陶器上，人们也发现少量未经锲刻的朱书或墨书字迹，笔画具有方、圆、肥、瘦的变化，具有明显的毛笔书写特征。

西周时期毛笔的使用已可确证。周武王的《笔铭》记载：“毫毛茂茂，陷水可脱，陷文不可活。”[1]说的是毛笔记载文字的重大作用。1991年在河南三门峡上村岭西周虢仲墓的发掘中，在出土的玉遣册上有毛笔写的“南仲”字样，这是迄今为止我国发现的最早的毛笔字。[2]

春秋战国时期，毛笔的使用已很普遍。从河南信阳、湖北江陵

---

[1] 《古今图书集成》第一百四十七卷，台湾鼎文书局，1977年初版。

[2] 参见“中国历史文化遗产保护网”1991年十大考古发现。

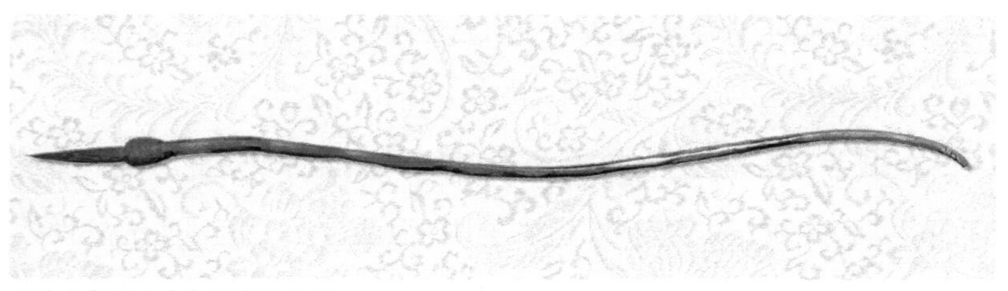
长沙左家公山出土的战国毛笔

等一批战国楚墓的发掘中，发现了大量的竹简、帛画、陶器、漆器等，上面的文字或花纹，笔画明显具有弹性和粗细变化，都是运用了毛笔的结果。1954年长沙左家公山15号楚墓发现一支保存完好的毛笔，是迄今考古发现最为古老的毛笔。这支毛笔笔头的做法，系用毛围在杆的一端，外面用细丝线缠绕再涂生漆胶住，[1]体现出原始形态毛笔的制作特征。

秦代前后毛笔形制产生了重大革新，主要是笔头与笔杆联结方式一改以往将毛裹在笔杆外的做法，而采用将笔杆一端掏空，将笔头纳入腔中。历史上曾有秦代蒙恬发明毛笔的说法，不过只是传说而已。唐代徐坚等撰的《初学记》卷二十一云："曲礼云，史载笔，士载言，此则秦之前已有笔矣。盖诸国或未之名，而秦独得其名，恬更为之损益耳。"[2]晋崔豹撰《古今注》中作了更详细的说明："牛亨问曰：'自古有书契以来，便应有笔，世称蒙恬造笔，何也？'答曰：'蒙

[1] 许树安《毛笔——文房四宝之一》，《文史知识》1986年第四期。

[2] 《四库全书》，上海古籍出版社，1987年版。

秦朝竹竿笔

恬始造，即秦笔耳。以枯木为管，鹿毛为柱，羊毛为被，所为苍毫，非兔毫竹管也。’”[1]即认为是蒙恬对毛笔形制作了重大改进。其中值得注意的是，笔头制作已经由“柱”和“被（披）”两个部分组成，与后代完善的毛笔制法已很接近。考古发现证实了秦笔的形制，1975年12月，在湖北省云梦县睡虎地古墓中出土了三支秦时的毛笔，其制法就是将笔头插入竹竿端部管腔内的。[2]

两汉毛笔在沿袭秦制的基础上，制作技艺更加讲究，笔的形式、种类也更加丰富。王羲之所撰《笔经》云：“汉时诸郡献兔毫，出鸿都，唯有赵国毫中用。时人咸言‘兔毫无优劣，管手有巧拙。’……诸郡毫唯中山兔肥而毫长可用。”[3]说明汉代毛笔制作已具有较成熟的经验，认识到毛笔的质量与笔毛原料有关，而更重要的是与笔工制作技艺的“巧”与“拙”有关。由于对技艺的重视，东汉时开始

[1] 《四库全书》，上海古籍出版社，1987年版。

[2] 许树安《毛笔——文房四宝之一》，《文史知识》1986年第四期。

[3] 《古今图书集成》第一百四十七卷，台湾鼎文书局，1977年初版。

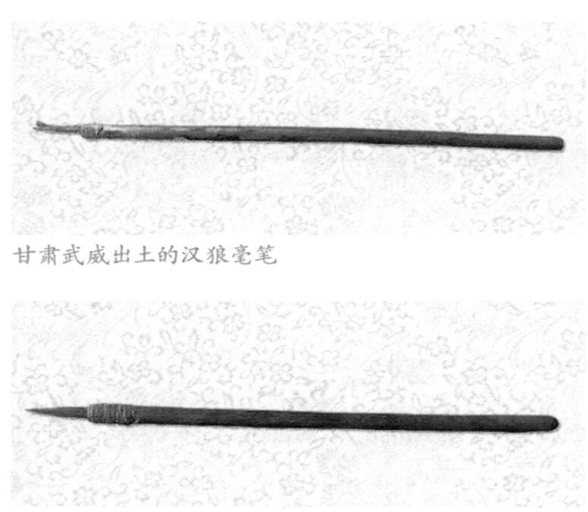
甘肃武威出土的汉狼毫笔

甘肃居延出土的“汉居延笔”

在笔上出现制笔工匠或作坊的名号。如1972年在甘肃省武威县磨嘴子的两座东汉墓分别出土两支毛笔，一支笔杆上刻有隶书“白马作”，一支刻有“史虎作”，是迄今为止发现的最早刻有名号的古代毛笔实物。1931年在西北地区古居延泽（今甘肃省额济纳旗一带）发现属于西汉末或东汉初年的一支毛笔，人们把它称为“汉居延笔”。其笔杆为木制，一端被劈成六片，兽毛笔头夹在中间，上下用细麻缠束。它的最大特点是笔头用坏后可以脱卸和更换，古人常说的“退笔”、“易柱不易管”即源于此。[1]而皇室贵族们使用的毛笔则更重“丽饰”，王羲之《笔经》中有“昔人或以琉璃、象牙为笔管，丽饰则有之，然笔须轻便，重则踬矣”[2]的记述。表明汉时毛笔不仅作为书写工具，已开始具有工艺装饰品的性质。

魏晋至南北朝时期，毛笔制作技艺较前更进步，种类也更多。

[1] 冯济泉、马贤能《文房四宝古今谈》，贵州人民出版社。

[2] 《古今图书集成》第一百四十七卷，台湾鼎文书局，1977年初版。

三国时魏国人韦诞，善书法，并以制笔和墨闻名当时，所制之笔人称“韦诞笔”，著有《笔方》留世。北魏贾思勰在《齐民要术》中详细介绍了韦诞的制笔方法：“韦仲将《笔方》曰，先以铁梳梳兔毫及羊青毛，去其秽毛，盖使不髯。茹讫，各别之，皆用梳掌痛拍整齐毫锋端，本各作扁，极令均调平好。用衣羊青毛，缩羊青毛去兔毫头下二分许。然后合扁，卷令极圆。讫，痛颉之。以所整羊毛中截，用衣中心——名曰‘笔柱’，或曰‘墨池’、‘承墨’。复用毫青衣羊毛外，如作柱法，使中心齐，亦使平均。痛颉，内管中，宁随毛长者使深，宁小不大，笔之大要也。”[1]这段记载说明了当时韦诞制的笔已包含四层畜毛，即最中心是羊毛覆兔毛的“中心”，然后用短羊毛掺入“中心”，目的是使笔头造型成锥

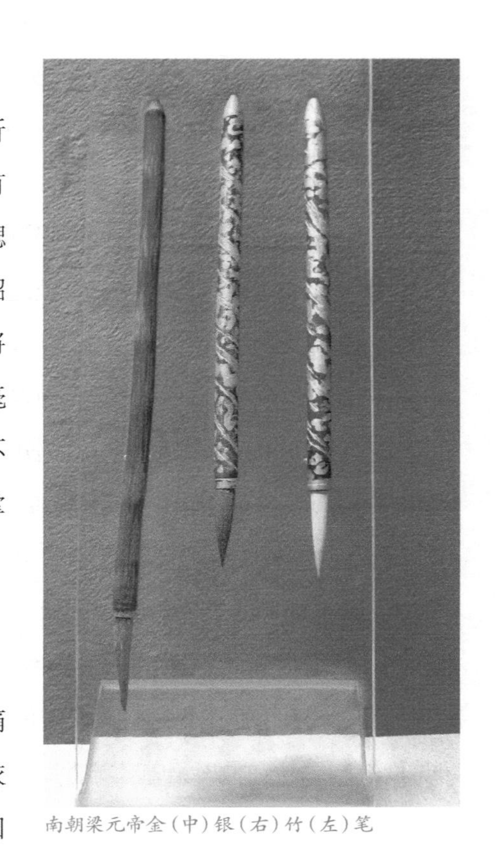

南朝梁元帝金（中）银（右）竹（左）笔

[1] 参见缪启愉校释、缪桂龙参校本，农业出版社，1982年第一版。

状，并增加吸墨量，是为“笔柱”，最后再覆一层兔毛。可见，三国时披柱制笔法已较成熟，并注重硬毫、软毫并用，已具“兼毫”的性质。

东晋王羲之在《笔经》中对制笔也作了较具体的叙述：“制笔之法，桀者居前，毳（音“脆”，细短之毛）者为后；强者为刃，软者为辅；参之以檾（音“顷”，麻类纤维），束之以管；固以漆液，泽以海藻；濡墨而试，直中绳，句中钩，方圆中规矩。终日握而不败，故曰笔妙。”[1]有意味的是，王羲之不但熟知制笔之法，还自己动手制笔：“余尝自为笔，甚可用，谢安石、庾稚恭每就我求之，靳而不与。”[2]有史书记载的书法家自制毛笔，王羲之也许是第一人。以上所述制笔法，并且其中提到的笔头黏结于笔管内是“固以漆液”，然后又“泽以海藻”，也就是用海藻浸出的胶水黏结笔毛成形，其中已包含着对笔头进行择抹整形的工序，这些操作方法、使用材料与今天基本相似，可见传统制笔法在此时已基本定型，以后绵延近两千年不离其宗。

隋唐时的笔以笔毫短而硬为主要形制，其中较著名的有“鸡距笔”，鸡距即雄鸡跖后突出像脚趾的部分，因锋短且犀利如鸡距，故名。白居易曾作《鸡距笔赋》称赞此笔：“不像鸡之羽者鄙其轻薄，不取鸡之冠者恶其柔弱。斯距也，如剑如戟，可击可缚。将为我之毫

[1] 《古今图书集成》第一百四十七卷，台湾鼎文书局，1977年初版。
[2] 宋苏易简《文房四谱》，载《丛书集成初编·文房四谱》，中华书局，1985年北京新一版。

芒，必假尔之锋锷。遂使见之者书狂发，秉之者笔力作。”[1]表明了此笔劲健的特色。随着唐代绘画技法和书法、书体、书风日趋多样，对毛笔的特性也必然提出多样化的要求。至中唐时，长锋笔开始应运而生。柳公权曾有帖云：“近蒙寄笔，深慰远情。但出锋太短，伤于劲硬。所要优柔，出锋须长，择毫须细，管不在大，副切须齐。副齐则波折有凭，管小则运动省力，毛细则点画无失，锋长则洪润自由。”[2]长锋笔的出现对书画艺术的发展具有极其重要的作用。

在唐代，安徽宣州成为全国制笔业的中心，所产的紫毫笔（即兔毫笔）名冠天下。唐代许多文学家有诗文称赞宣笔，大诗人白居易在《紫毫笔》诗中写道：“紫毫笔，尖如锥兮利如刀。江南石上有老兔，吃竹饮泉生紫毫。宣城之人采为笔，千万毛中拣一毫……每岁宣城进笔时，紫毫之价如金贵。”[3] 当时宣城除了向朝廷进贡毛笔，还要进贡兔毫，唐

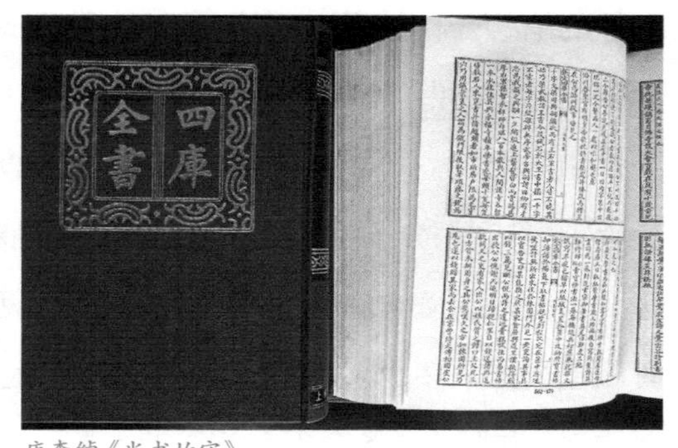

唐李绰《尚书故实》

[1] 宋苏易简《文房四谱》，载《丛书集成初编·文房四谱》，中华书局，1985年北京新一版。
[2] 清梁同书《笔史》，载《丛书集成初编·笔史》，中华书局，1985年北京新一版。
[3] 《全唐诗》，中华书局，1960年4月第一版第13册。

代段公路《北户录》记载："宣州岁贡青毫六两，紫毫三两，次毫六两。"[1]

唐代出现了一批制笔名家，主要有宣州陈氏、铁头、黄晖等。陈氏系制笔世家，宋邵博《闻见后录》记载："宣州陈氏家传右军《求笔帖》，后世益以作笔名家。柳公权求笔，但遗以二支，曰公权能书当继来索，不必却之。果却之，遂多易常笔。曰前者右军笔，公权固不能用也。"[2]说明不同的书法家对笔性的要求是不一样的，王右军喜好的笔柳公权却不一定适应。铁头见段成式的《酉阳杂俎》："开元中笔匠名铁头，能莹管如玉，莫传其法。"[3]黄晖见于唐代诗僧齐己的《寄黄晖处士诗》："蒙氏技传黄氏子，独闻相继得名高，锋芒妙夺金鸡距，纤利精分玉兔毫。"[4]说明黄晖以制鸡距笔著称。

宣州制笔业自唐代崛起以后，至五代两宋有了更大的发展。其时制笔名匠众多，而以出于宣州制笔世家的北宋诸葛高制笔技艺最著声望。欧阳修《圣俞惠宣州笔戏书》云："宣人诸葛高，世业守不失。紧心缚长毫，三副颇精密。硬软适人手，百管不差一。"[5]此后，诸葛氏在"三副笔"的基础上又创制了"无心散卓笔"，即省去柱心加披的工序，选用一种或两种毫料，直接扎成较长的笔头。宋叶梦得

[1][3] 《四库全书》，上海古籍出版社，1987年版。

[2][5] 《古今图书集成》第一百四十七卷，台湾鼎文书局，1977年初版。

[4] 清梁同书《笔史》，载《丛书集成初稿·笔史》，中华书局，1985年北京新一版。

《石林避暑录话》曰："笔盖出于宣州，自唐惟诸葛一姓，世佳其业。嘉祐、治平间，得诸葛笔者，率以为珍玩。熙宁后，世始用无心散卓笔，其风一变。"[1]黄庭坚《笔说》云："宣城诸葛高系散卓笔，大概笔长寸半，藏一寸于管中。"[2]苏轼说："散卓笔惟诸葛高能之，他人学者皆得其形似而无其法，反不如常笔，如人学杜甫诗，得其粗俗而已。"[3]这种无心、长锋、笔头深埋的形制，是对长锋笔的一种改良，标志着笔工对制笔工艺的又一次大胆探索。但可以看出散卓笔制作较难，用毫的成本也很大，因此难以推广，后世主要还是沿用披柱法制笔。

**2. 湖笔的崛起及发展**

南宋建朝后，宋、元在江淮之间四十多年的争战，使宣城逐渐凋敝，笔工走避江南，部分笔工徙居湖州善琏，促进了当地制笔技艺的提高。南宋建都临安（今杭州），政治、文化中心的南移，使与之邻近的善琏制笔业有了良好的发展环境。宋元时期是我国文人书画技艺取得重大发展并发生变化的时期，宋末元初，湖州更是出现了一代书画巨擘赵孟頫。在这一背景的影响、促动下，湖笔制作技艺不断改进、优化。到了元代，出现了冯应科、陆文宝、吴升、姚恺、沈秀荣等一

[1] 清梁同书《笔史》，载《丛书集成初编·笔史》，中华书局，1985年北京新一版。

[2] 《山谷别集》卷六，《四库全书》第1113册。

[3] 《古今图书集成》第一百四十七卷，台湾鼎文书局，1977年初版。

批为上层文人激赏的制笔名匠。湖笔日渐名满天下，终于取代了宣笔的地位。

湖笔制作技艺历元、明两代，在宣笔的基础上获得新的发展，而最主要的成就是羊毫笔制作的勃兴和技艺的不断精进，改变了数百年来以宣笔为代表的兔毫笔一枝独秀的局面，进一步丰富了中国毛笔的品类和制作技艺。

自元代至明初，湖笔主要还以兔毫笔较为著名。明初的解缙在其所作乐府《笔妙轩》中，对湖州笔工陆文宝制的笔给予赞赏："管城子……近代喜称陆文宝，如锥如凿还如椽。善书不择新与故，一锋杀尽中山兔。"[1]又如明代谢在杭在所撰《西吴枝乘》中称赞了元代冯应科笔后说："今世犹相沿尚之，其知名者曰翁氏、陆氏、张氏，皆兔毫也。"[2]以上提及的都是兔毫笔，可以看出与宣笔制作传统的密切关联。

从元末明初开始，湖州的羊毫笔制作也已崭露头角，并且呈现出取代兔毫笔地位的趋势。元末明初的文学家瞿佑所写的《羊毫笔》诗就揭示了这一情状："毛颖年深老不能，中书模画叹难胜，管城忽现左元放，草泽不容严子陵。壁上榴皮功可述，门前竹叶争无凭。刚柔何必吹毛问，耐久真堪作友朋。"诗的大意是"宣州兔毫笔

[1] 《四库全书》，上海古籍出版社，1987年版。

[2] 《古今图书集成》第一百四十七卷，台湾鼎文书局，1977年初版。

已趋衰老，风光不再，湖州的羊毫笔开始兴起。前人曾认为羊毫笔不佳，但实际上刚柔相济、经久耐用，可视为文人之好友。”[1]这首诗可说是对中国毛笔发展史上一次重大转折所作的真切写照。

至明代晚期，湖州羊毫笔的制作和使用更趋广泛，其中原因之一是羊毫笔柔而耐用，且价格远低于兔毫笔，因此使用者更普遍。明晚期的谢在杭在所著《五杂俎》中说：“今书家卖字为活者，大率羊毫，不但柔便耐书，亦贱，而易置耳。”[2]由于羊毫价廉，并且羊毫湖笔采用的山羊毛主要产地就在近旁的嘉

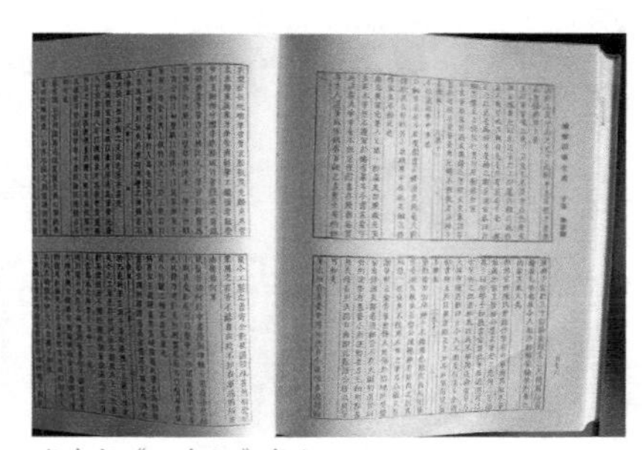

谢在杭《五杂俎》卷十二

[1] 诗见《古今图书集成》卷一百四十七，第1388页。释：前两句用唐代韩愈的《毛颖传》为典，意含兔毫宣笔已趋衰老；三、四句用东汉两位人士的故事：术士左慈曾变成“羊”，严子陵曾披“羊”皮在富春江钓鱼（其事分别见《后汉书》卷一一二、一一三的《左慈传》、《严光传》），隐喻“羊毫笔”开始“忽现”；第五句“壁上榴皮”用湖州东林人宋尚书沈思遇回山人（吕洞宾）故事（见宋阮阅编《百家诗话总龟后集》卷三九），所谓“功可述”是指沈思的后人沈日新就是湖笔名匠（参见元郑元佑《侨吴集》卷二《赠笔工沈日新》），意为羊毫笔系湖州笔工之功；第六句意思是江东的兔毫不胜制笔，是否是由于兔食竹叶的缘故难以辨明（可能引唐段公路《北户录》中《鸡毛笔》一文为典）；最后两句针对宋代刘克庄《羊毫笔》诗中“弄翰虚名似，吹毛本质非”的对羊毛笔的质难，反对其意，肯定湖笔刚柔相济、经久耐用的长处。

[2] 《续修四库全书》，上海古籍出版社，第1130册。

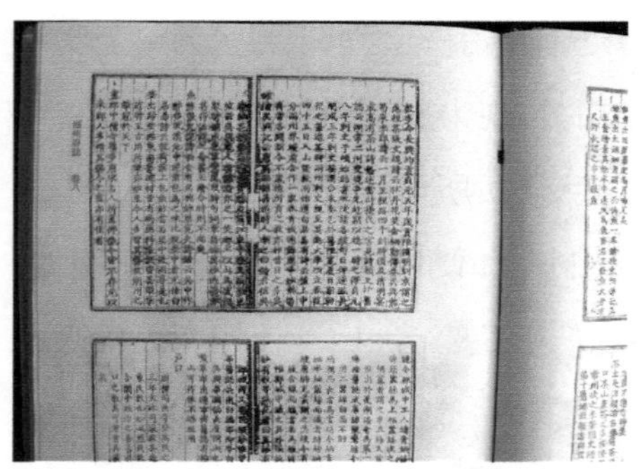

明成化《湖州府志》卷八

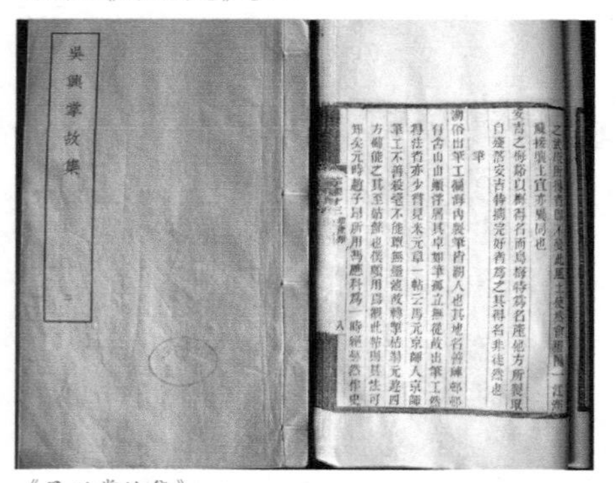

《吴兴掌故集》

兴路（今浙江省嘉兴市），简便易得。这里的山羊毛毛细、锋嫩、色白、质净，为其他地区所不及，这些都为湖笔最终以羊毫笔擅胜提供了良好的条件，也是湖笔历久不衰的重要原因之一。

从元至明，善琏制笔业长盛不衰，制作技艺不断进步，制笔名匠也历代辈出。《永乐大典·湖州府》记载："本县善琏村居民大半能制笔，其笔视他处为特胜。自冯应科、陆颖后，代不乏人。农耕之暇，即缚笔。客旅转贩于四方者甚众，居民藉此利，备耕作之利焉。"[1]谢在杭在《西吴枝乘》中对湖笔制作技艺作了精辟的总结："吴兴毛颖之技甲天下。"[2]可见，自元代以后，湖笔一直占据着冠于天下的地位。

---

[1] 《永乐大典》卷二二七八，中华书局，1986年6月版第1册。

[2] 《古今图书集成》第一百四十七卷，台湾鼎文书局，1977年初版。

明代后期，在湖笔“转贩于四方”的同时，湖州笔工也开始走向全国。明代徐献忠《吴兴掌故集》称：“湖俗出笔工，遍海内制笔者皆湖人也。”[1]不过这些笔工并非是从事完全意义上的制笔工作，最初主要是对销售的笔随时按商家或客户的要求进行“修笔”，以后逐渐定居于所在地，但基本上还是从老家带来半成品的毛笔，在外地进行加工和装配。

到了清代，不少善琏笔工开始在外地开设笔庄（店），这些笔庄一般都采取前店后坊的形式，以销售湖笔为主，以加工、制作为辅。笔庄一般都由创始人的姓名为字号，著名的有开创于清乾隆六年（1741年）的湖州王一品斋笔庄，北京的李玉田、贺莲青、戴月轩，苏

北京戴月轩笔庄注册商标

[1] 《吴兴掌故集》卷一三《物产类》，吴兴刘氏嘉业堂刊本。

北京戴月轩（门面）

王一品斋笔庄工场

善琏湖笔厂旧厂房

善琏湖笔厂车间（旧）

州的贝松泉、陆益元堂、杨二令堂，上海的李鼎和、杨振华、茅春堂，天津的虞永和，杭州的邵芝岩，湖州的钟三益、费莲青笔庄等，创始人皆是善琏人。此外，苏州的周虎臣笔庄开设于康熙三十三年（1694年），后又于上海开设分店。周虎臣系江西人，主要也经营湖笔，周虎臣去世后笔店也由善琏人经营（据说其女婿为善琏笔工）。自清代至民国初，湖笔的制作、销售不断辐射全国，呈现前所未有的旺盛态势。根据历史资料，1929年善琏制笔作场达到三百多家，从业人员达一千余人，年产量达到四百万支。

抗日战争爆发给湖笔生产带来巨大的灾难。湖州沦陷，善琏笔工为避战乱纷纷奔走他乡，主要避难于上海和苏州。少量留在善琏的笔工也很难正常生产，到新中国成立前夕，善琏的制笔业一片凋敝。

新中国成立后，笔工纷纷返乡，1951年至1952年善琏镇相继成立了湖笔手工业同业公会、湖笔手工业工会及湖笔联销处三个组织。同业公会为行业组织，由各制笔作场业主参加；湖笔手工业工会为基层工会组织，会员为广大笔工，下设生产自救小组作为生产实体，从事制笔加工业务，解决笔工就业问题；联销处为湖笔联购联销的业务机构。通过这样的组织形式，善琏毛笔生产逐渐恢复正常。1956年，在合作化运动中，这三个单位合并成立了善琏湖笔生产合作社，当时有工人二百八十五人。湖州的数家笔庄也于此时合并于王一品斋笔庄，湖笔企业自此成为集体企业。1959年善琏湖笔合作

善琏湖笔业首届一次职工代表大会合影

工厂成立，在职工人达到六百七十八人。苏州、上海也先后成立了苏州湖笔厂和上海普文毛笔厂，其中相当一部分工人系来自善琏的笔工，成为除善琏湖笔厂以外的两家较有规模的湖笔生产企业。

善琏湖笔自古以来没有自己的厂家名号及商品商标，1957年为适应出口的需要，曾启用“善琏笔庄”的厂家名号。1965年，善琏湖笔厂向国家工商行政管理局注册了湖笔的 “双羊牌” 商标，开启了善琏湖笔有自己商标品牌的历史。这一时期善琏湖笔的生产达到鼎盛，如1960年湖笔总产量达到五百十六万支，超过历史最高水平。恢复生机的湖笔在新中国也获得了更高的声誉，1961年，王一品斋笔庄创立二百二十周年之际，朱德、董必武、陈毅、何香凝、郭沫若、沈雁冰

第三届全国工艺美术艺人、专业技术人员代表大会（善琏湖笔厂杨卓民出席）

王一品斋笔庄（正门）

等国家领导人和知名人士，都题写了贺诗、贺辞，对湖笔这一民族工艺的精品给予了极高的评价。

从1957年起，善琏湖笔开始通过国家外贸渠道出口。据统计，自1957年至1963年的七年间，善琏湖笔出口达二百八十四万余支，占全国毛笔外销总量的60%左右。外销主要是日本和新加坡等东南亚国家及香港地区。当时外销方式是由善琏湖笔厂生产产品，分别供应给国内十一家传统知名笔

庄，然后以笔庄的名号与商标出口，其间，善琏也以“善琏笔庄”的名号外销部分产品。从1965年起，才正式以善琏湖笔厂的厂名及“双羊牌”商标外销产品。

“文化大革命”给湖笔生产带来了巨大的冲击。国内书画艺术活动完全沉寂，湖笔需求量大幅减少。许多名牌产品的名称因有“复旧”之嫌而被强令停止生产。湖州、上海、北京、苏州、杭州等以创始人命名的湖笔百年老店，也涉嫌为资本家立名而被迫停业或改名。

党的十一届三中全会后，湖笔生产恢复生机，并以较快的速度发展。善琏湖笔厂、王一品斋笔庄、含山湖笔厂成为传承湖笔传统制作技艺的主要企业，所生产的双羊牌、天官牌、双喜牌成为湖笔的名牌。1979年起，双羊牌湖笔先后获全国首届毛笔质量评比总分第

全国毛笔部标准审定会议（于善琏）

一、浙江省优质产品、轻工业部优质产品称号，1988年获轻工业部优秀出口产品银质奖。1994年，在北京举办的第五届亚太博览会上，王一品斋笔庄的天官牌白元锋笔、博古策笔分别获金兰奖和银奖。1993年10月，善琏湖笔厂接受了为中央最高领导集体特制毛笔的任务，共制作八套，每套含羊毫、兼毫、兔毫、狼毫笔各一支，受到领导们的好评，为湖笔赢得了新的光荣。[1]

自20世纪90年代起，由于现代经济、技术、文化发展所造成的

[1] 参见1994年2月10日的《湖州日报》。

种种原因，传统湖笔制作技艺的延续和发展面临巨大压力。湖笔产业萎缩，传统制作技艺后继乏人，面临失传的濒危境地。近年来，各级政府及有关部门采取了一定的保护措施，从经济上、政策上给予一定的扶持，2006年湖笔制作技艺成功入选第一批国家级非物质文化遗产代表作名录。但是，涉及湖笔制作技艺保护的深层次问题还没有根本解决，湖笔制作技艺这一中华优秀文化遗产，有待于采取更加扎实、有效的措施加以保护，确保传承与发展。

善琏湖笔厂正门

善琏湖笔厂新厂房

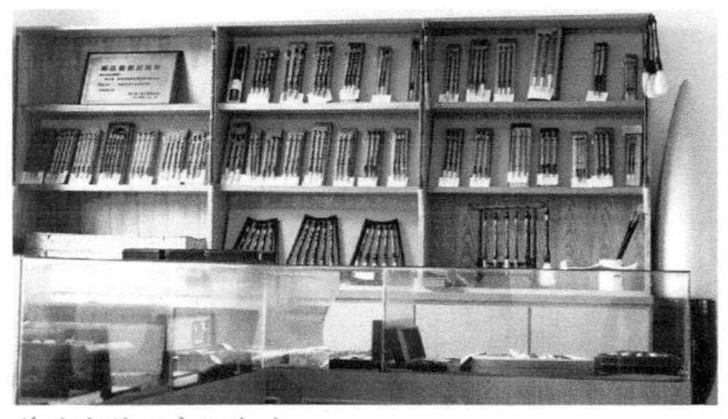
善琏湖笔厂产品陈列

雙羊牌
大號
京楂

# 湖笔的种类

湖笔产品的各个类型中，又包含多种多样的具体品种。这些品种一般都同时具有两种名称，一种是产品名，即笔工在生产过程中按照品种的特定规格、要求所称呼的名称；一种是商品名，即产品在上市销售时，面向顾客所标的品种名称。

# 湖笔的种类

## [壹]湖笔产品分类

湖笔制作可以采取多种动物毛羽，作为书画工具，又要适应各种书体、画种及各种规格书画的需要，因此湖笔产品的种类繁多，分类的角度和方法也多种多样。

**1. 笔头毛料**

按照湖笔笔头毛料的不同，主要可以分为羊毫（山羊毛）、兔毫（山兔毛）、狼毫（黄鼠狼尾毛）、鸡毫（鸡毛）、兼毫（混合用毛）等五个大类的笔。这五大类中，根据毛料质地的软硬程度，通常把羊毫、鸡毫作为软毫，狼毫、兔毫作为硬毫，软毫、硬毫混合使用的则为兼毫。

在传统湖笔生产中，一般把兔毫笔也归入兼毫笔的大类中，生产产品主要是羊毫笔与兔毫笔两种，狼毫笔、鸡毫笔生产很少。新中国成立以后，随着工厂的建立，为迎合市场各方面的需要，适当增加了狼毫、鸡毫笔的生产，其中鸡毫多与狼毫拼合，称为“鸡狼毫”笔，单纯的鸡毫笔极少，只是根据特定需要偶尔生产。

在软毫笔中还有一种“胎毫”，即使用婴儿满月时第一次剃下的毛发作为笔毛料。起初这只是笔工利用自家儿孙胎发的偶有制作，以作为家庭中的纪念物，并非市场性的生产。自20世纪80年代起，应市场所需的胎毫笔才有所生产，但数量并不多。

**2. 毛笔形制大小**

按照各种书体、画种所需毛笔形制的大小不同，湖笔又通常分为楂笔、斗笔、提笔、联笔、屏笔、对笔等种类，每一种类的笔又常常分为大号、二号、三号或大号、中号、小号等各种型号。

楂笔为较大型的笔，主要用来书写榜书之类的大字。楂笔皆为羊毫，主要用山羊胡须为笔毛料。分为“京楂”、“木楂”两大类，装笔头的“斗”用牛角所制的为京楂，用硬木所制的为木楂，木楂笔的形制较京楂更大。楂笔中根据大小还分为多种型号，如京楂就有从大号到七号的规格区分。

大号京楂（羊毫笔）

斗笔即是笔头装在“斗”中的笔，形制比楂笔小。“斗”为牛角或硬木所制，根据其形状又分为“直斗”、“甏斗”、“葫芦斗”、“橄榄斗”等数种类型。“斗”的直径与笔杆一致的称为“直斗”；其他几种“斗”的直径都大于笔杆，形状则分别类似 “甏”、“葫芦”、“ 橄榄” 形。

提笔与斗笔基本属于同类，只是提笔的笔头与笔杆的粗细比例较斗笔稍大一些，比较适应习惯用较细笔杆的使用者。

联笔的意思是适合于写对联的笔，形制比斗笔小，笔头不用“斗”而直接装在笔杆中。

屏笔和联笔相似，但屏笔通常用于写篆书，在笔的价值、档次上一般高于联笔。

对笔基本上同于联笔，也是适合写对联的笔，但一般其笔头比联笔稍粗一些。

此外，还有形制较独特的品种，如笔工俗称为“大蒜头”的笔，其特点是笔头粗而短，适宜书写隶书。规格稍大于联笔，其价值、档次也较高。

**3. 笔头锋毛长短**

按照笔头锋毛的长短，湖笔分为顶锋、长锋、中锋、短锋笔。顶峰笔的笔锋（露出笔杆部分的笔毛）长度在八厘米左右，是除了楂笔以外笔锋最长的，长锋、中锋、短锋笔的笔锋长度渐次递减。

羊毫笔头（笋状样）

羊毫笔头（叶锋式）

羊毫兰竹画笔笔头

**4. 笔头形状、样式**

按照笔头的形状，湖笔分为“笋状样”、“叶锋式”、“宝剑式”等类型。“笋状样”一般为短锋笔，笔头状如竹笋；“叶锋式”为长锋笔，笔头状如柳叶；“宝剑式”一般专称狼毫笔笔头，状如尖锐的宝剑。此外，较独特的是羊毫“兰竹画笔”，笔头中部偏上的自然毫块部位，较叶锋式略为胖出，主要适宜画兰叶，或用于画山水。

## [贰]湖笔品种名称

湖笔产品的各个类型中，又包含多种多样的具体品种。这些品种一般都同时具有两种名称，一种是产品名，即笔工在生产过程中按照品种的特定规格、要求所称呼的名称；一种是商品名，即产品在上市销售时，面向顾客所标的品种名称。这些名称一般由零售商（笔店）命名并刻在笔杆上。

**1. 湖笔的产品名**

湖笔的产品名一般由两个部分组成，一是根据产品价值（质量与大小）档次或者大小型号不同所作的标号；二是根据产品在材料、形制、制作方法上的不同所作的标名。下面举例说明。

例一："24两紫毫"、"15两小花"、"13两紫白"。首先需要说明的是，传统湖笔业内对毛笔价值、档次的标号，是以旧时100支毛笔其市价所值银子的数量来标称的。如本例中的"24两"就是指100支这种毛笔值24两银子，"15两"就是指值15两银子，可见银两数越高表明笔的价值、档次越高。直到今天，尽管银两早已不作为通货，但这种标号方式还在笔工中使用。

本例产品名中第二部分的"紫毫"，就是指笔芯为黑色山兔毛，"小花"就是指笔芯为花色山兔毛的小楷笔，"紫白"就是指"紫毫、白毫"拼合制笔芯，所谓"白毫"，是指山兔身上呈黄褐色的毛，并非全白。

例二："大号京楂"、"三号顶锋"。其中的"大号"、"三号"指型号的大小。"京楂"、"顶锋"指笔的所属类型，由于京楂、顶锋笔都属羊毫笔，所以不用标出用毫的名称了。

**2. 湖笔的商品名**

湖笔的商品名情况比较复杂，大致有以下几种标名方法。

其一，以所用笔毛的种类、成分或者加上成色作为商品名。如

"双料净纯紫毫"，表明这是一支紫毫笔，"双料"指笔芯中使用紫毫的量比一般的要多一些，意味着档次稍高一点。它的产品名就是上文所指的"24两紫毫"。又如"五紫五羊毫"，表明这是一支兼毫笔，但需要特别说明的是，它并不是指笔芯是由紫毫与羊毫各一半拼制的，而是由紫毫与白毫拼制，本质上它属于兔毫笔，但紫毫与白毫在软硬程度上还是有所区别，所以归为兼毫笔类，其中的羊毫是指披毫及衬毛的部分。它的产品名为"10两紫白"。

其二，对毛笔品质、类型、功能等的概括性描述作为商品名。如"极品写卷小楷"，表明是高档的适宜书写经卷的小楷笔。这一品种的产品名就是上文所列的"15两小花"。又如"加料条幅"，说明是适合写条幅字的笔，也就是联笔，联笔都是羊毫笔，所以在商品名上不用标毫的名称，它的产品名为"20两联笔"。

上述两种命名有时也互有结合，如"超品长锋大楷宿羊毫"，其中包括了毛毫（羊毫）、类型（长锋）、功能（大楷）、品质（超品、宿），其中的"宿"是指用陈年的羊毛料。在湖笔行业中认为宿羊毛比新羊毛制笔质量更佳，主要原因是日久放置使其自然脱脂，并且更加柔软，一般用于制作高档毛笔。

其三，以毛笔的一定特征、用途为基本依据，作描述性、比拟性或美化性的命名。如羊毫笔的"玉兰蕊"、"玉笋"，取笔头形如玉兰花苞、玉色笋尖之意；紫毫笔的"右军书法"，取意能书写出王羲

玉笋（羊毫笔）

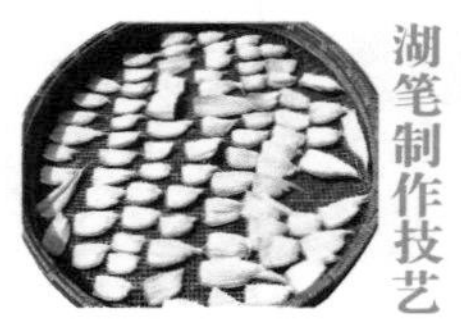

福、禄、寿、喜、庆（羊毫笔）

之书体神韵；“福、禄、寿、喜、庆”（五支成套笔），则寄寓吉祥如意的含义；更有诗情画意的是兼毫笔“下笔春蚕食叶声”，意为其毫锋似针，劲健有力，落笔在纸几乎会有春蚕食叶般的“沙沙”声。这一名称与元代诗人张昱的《赠士人军中售笔》诗中“毫运饥蚕叶上声”句相仿，可能即出于此典。[1]笔的产品名为“11两红白”。

其四，新中国成立后对改进、新创品种的取名。毛笔品种的改进、新创一般都根据书画名家的需求、喜好而进行，因此取名也往往与这些名家有关，同时也寄托着一定的纪念意义。如郭沫若生前对狼毫作柱羊毫作披的“白云”笔颇为喜爱，王一品斋笔庄便特制了一种长锋“白云”笔，取名为“鼎堂遗爱”，“鼎堂”为郭老的字号。

[1] 《张光弼诗集》卷六，上海书店，1985年版，《四部丛刊》第72册。

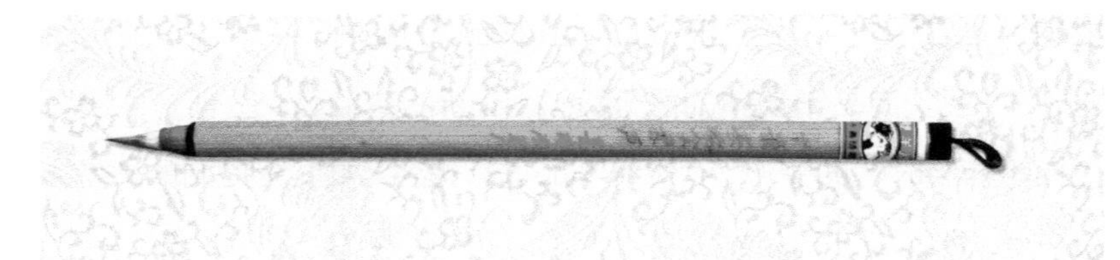

下笔春蚕食叶声（兼毫笔，双羊牌）

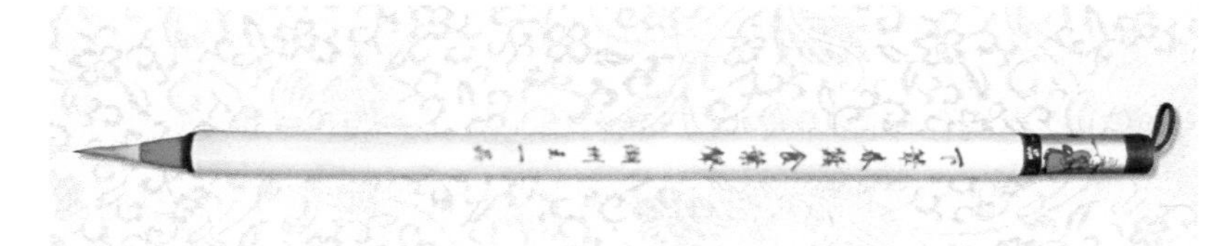

下笔春蚕食叶声（兼毫笔，天官牌）

1980年中国书法家协会副主席沙孟海试用了善琏湖笔，即兴作了“柔不絮曲，刚不玉折，贮云含雾，应手从心”的题词，同时也对笔提出了自己的建议，善琏湖笔厂即根据沙老的意见特制了一种精品毛笔，取名为“贮云含雾”。

**3. 湖笔产品名与商品名的对应关系**

湖笔的产品名与商品名大多数是一对一的关系，两者之间也不重复。但也有特殊情况，一是有些同一产品名的笔却有多种商品名，这种情况的产生主要是因为笔头的规格相同但笔杆的材料不同。如同样称为“50两兰蕊”的笔，笔头是一样的，如笔管是青竹竿其商品名就叫“兰蕊羊毫”，笔管是红木杆镶牛角斗就叫“仿古玉兰蕊”，笔管是花竹竿镶牛角斗就叫“精品玉兰蕊”。这种情况表达出的内涵是以青竹竿为笔管的往往是最初始的品种，以后笔管加以改进，为了便于商品销售中的区分，而冠以新的商品名。还有一种情况是由于社会时代的变化，对传统产品进行更名。如上文提到的“福、禄、寿、喜、庆”套笔，在“文化大革命”中则改为“劳、动、最、光、荣”，如果各支笔分开的话就让人不可理解了。二是个别品种其产品名和商品名是一致的，如“大号京提”、“二号京提”等。此外，狼毫笔在湖笔制作中品种较少，产品名和商品名一般也不区分。

总之，湖笔的产品名相对比较稳定，这是笔工在制作产品时的依据，而商品名则可能有较灵活的变动，这是适应社会、市场所需的缘故。湖笔产品名和商品名的这种“双轨制”形态产生了一种有趣的现象，即制笔工往往只知道毛笔的产品名，而不清楚它的商品名，笔店则常常只知毛笔的商品名而不清楚毛笔的产品名。

### [叁]传统湖笔代表性品种

传统湖笔的常规品种多达一百余种，新中国成立以后新品种又不断增加，达到二百余种。据1985年湖笔产品品种统计有二百八十三种，其中羊毫笔一百六十九种，兼毫笔四十六种，紫毫笔十三种，狼毫笔五十五种。其中传统湖笔的主要代表性品种有以下几类。

**1. 羊毫笔类**

“兰蕊羊毫”，产品名为“50两兰蕊”，为传统湖笔最著名的羊

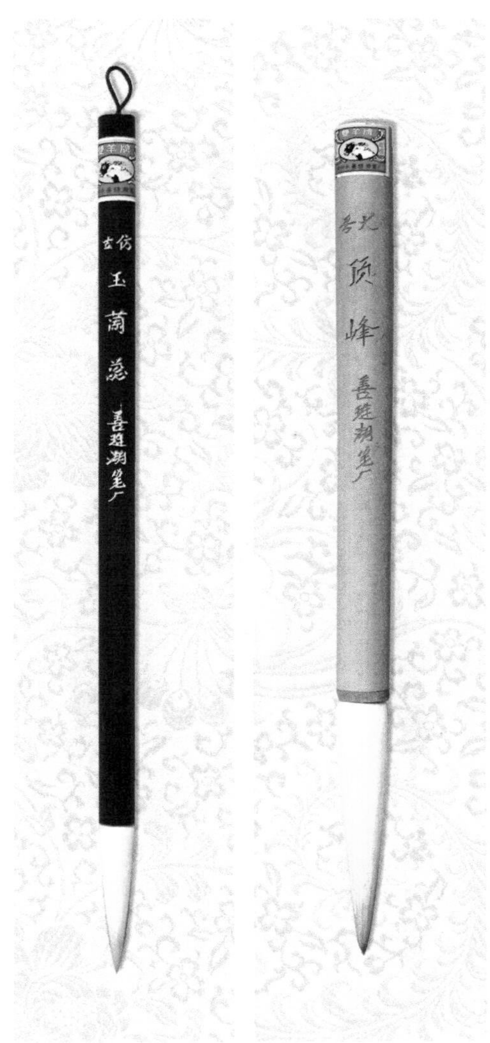


仿古玉兰蕊（羊毫笔）　顶峰（羊毫笔）

精品鹤脚（羊毫笔）

毫笔品种。清同治《湖州府志》卷三三引明崇祯十年刻《乌程县志》就有所记载："笔，……时制有兰蕊为最胜。"可见其品牌已有近四百年的历史。其特点是锋长、圆齐、质净、性柔，吸水强，吐水匀，宜书写正、草、隶体。其派生品种为"精品玉兰蕊"和"仿古玉兰蕊"，区别在笔管用料的不同。

"顶锋"，有大号至七号各种型号。其中"大号顶锋"产品名为"64两大号鹤脚"，因笔锋修长如鹤脚而名，系长锋羊毫中锋最长的笔。含墨足，性柔软，一笔可写多字，适宜写行书、草书。

"超品长锋大楷宿羊毫"，产品名为"大号鸡丝"，锋长次于七号鹤脚，用陈宿优质羊毫精制，宜书行书、草书。

"挥洒云烟"，产品名"40两条幅"，宜书条幅类大字，尤其宜写篆书。

"加料条幅"，产品名"20两联笔"，宜书条幅类大字。

"玉版金丹"，产品名"六号上对"，属对笔型号。锋厚柔软，笔

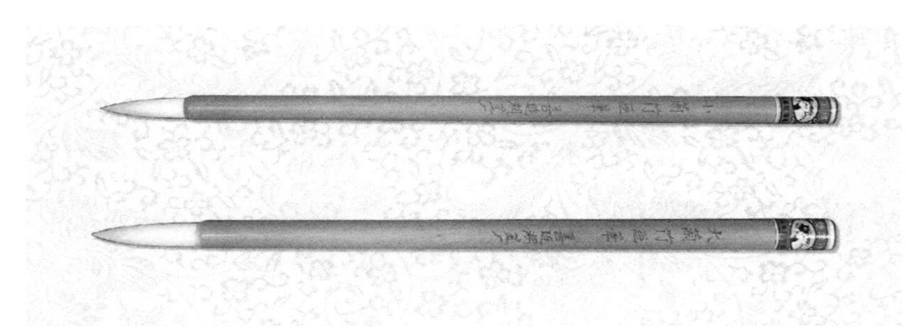

兰竹画笔（羊毫笔，大、小号）

身饱满，含墨量多，宜书四寸左右草、隶等书体。

“一号短锋大楷”，产品名“32两短大”，属短锋羊毫笔。如装花竹笔杆镶牛角斗，商品名则为“蒙氏羊毫”。

“玉笋”，短锋笔，有大号至三号各类型号，大号玉笋产品名“大号大蒜头”，适宜书写隶书。

“福、禄、寿、喜、庆”，系五支笔，产品名分别为“一号盖锋”至“五号盖锋”，也就是五支笔大小不同，分别适宜写大、中、小楷字。作为商品出售时顾客可拆零单支购买。

“兰竹画笔”，有大、中、小三种型号。大号笔产品名“28两兰竹”，笔头形状较为独特，上部毫块处较“叶锋式”略粗，宜用于画兰叶及山水。

**2. 兼毫笔类**

紫毫笔：

“纯紫毫对笔”，产品名“120两纯紫毫对笔”，锋齐形平，毫锋似针，劲健有力，适宜写楷书。

“纯紫毫联笔”，产品名“100两纯紫毫联笔”。

“翰林妙品”，产品名“20两红白块”，花竹管牛角斗，青梗竹管则名为“长红大楷”。

“右军书法”，产品名“32两紫毫”，宜书正楷。

“精制九紫一羊毫”，产品名“26两纯紫”。

兼毫笔：

“七紫三羊毫大楷”， 产品名“32两披白块头”。笔芯由紫毫、白毫间用，性能刚柔相济，宜写正楷。其中“披白”意为白毫居中，紫毫四围裹住，“块头”意为笔芯相对较粗。

“五紫五羊毫”，产品名“10两紫白”。笔芯含紫毫、白毫，与“披白”不同的是，紫毫、白毫交错相间，笔端毛色看上去一丝白一

大七紫三羊毫（兼毫笔）

双料五紫五羊毫（兼毫笔）

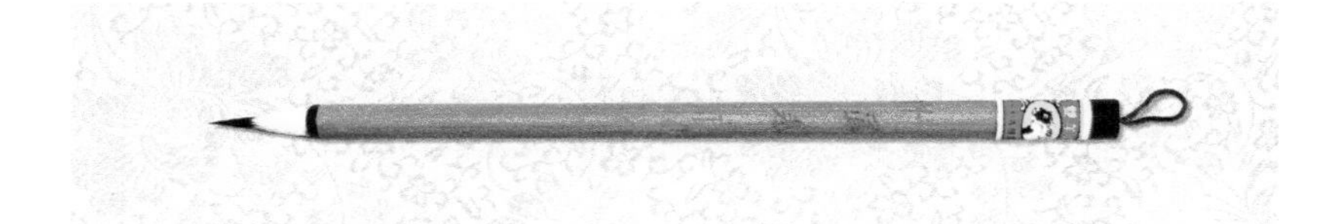

双料写卷（兼毫笔）

丝黑，故俗称“鸟笼式”，柔性更大一些，宜书中楷字。同品种再高档次的有“双料五紫五羊毫”，产品名“13两紫白”。

“笋尖式大楷”，产品名“20两白京块”，为白毫笔。

“双料写卷”，产品名“15两花紫”。笔芯含花毫、紫毫，宜写小楷字。

“下笔春蚕食叶声”，产品名“11两红白”。笔芯为白毫，披毫根部为红色，美观醒目，适宜小楷、描线。

“极品写卷小楷”，产品名“15两小花”，花毫笔。

**3. 狼毫笔类**

“豹狼毫”，规格有一号、二号、三号，笔管为花杆扎线，宜书行书、楷书。

“大狼毫兰竹”，花杆扎线。锋齐细嫩，性韧，吸水力强，刚柔相济，宜画撇兰、山水等。有特大、大、中、小各类型号。

“精制纯狼毫小楷”， 木杆牛角头，小楷笔精品。

豹狼毫三支(狼毫笔)

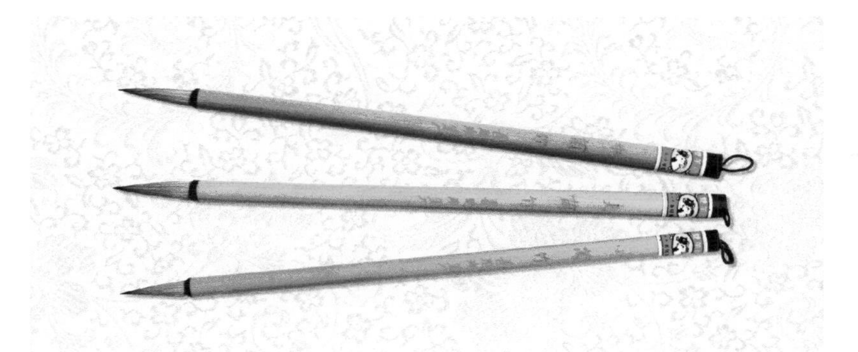

兰竹狼毫三支(狼毫笔)

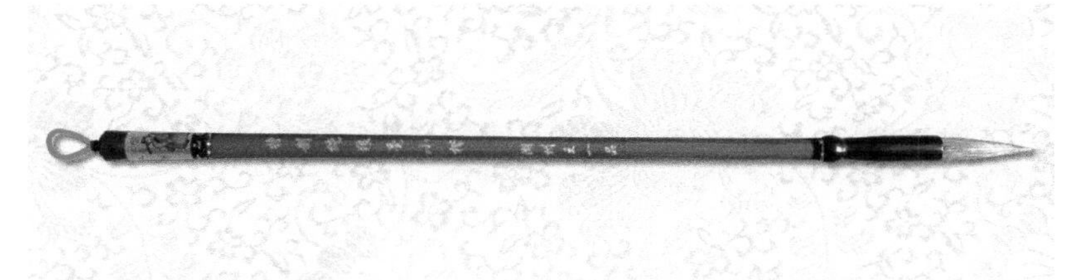

精制纯狼毫小楷(狼毫笔)

# 湖笔制作的主要工序及器具

湖笔制作从对笔毛原料的选料开始到制成成品毛笔，其制作工序分为三个部分。一是制作笔头部分，主要工序是笔料、水盆、结头；二是加工笔杆部分，主要工序有蒲墩；三是笔头与笔杆装配并总体加工修整部分，主要工序有装套、牛角镶嵌、择笔、刻字。

# 湖笔制作的主要工序及器具

## [壹]湖笔制作主要工序

湖笔制作从对笔毛原料的选料开始到制成成品毛笔，其制作工序分为三个部分。一是制作笔头部分，主要工序是笔料、水盆、结头；二是加工笔杆部分，主要工序有蒲墩；三是笔头与笔杆装配并总体加工修整部分，主要工序有装套、牛角镶嵌、择笔、刻字。在这些主要工序中，又包含着许多具体的小工序，总计大小工序约有一百余道之多。

**1. 笔头制作**

（1）笔料工序，主要是对制笔头的动物毛原料进行拔取、分拣、归类的工序。

羊毛原料采购来的状态是一簇簇粘连在表皮组织上的毛，不需要拔取（从动物皮肤上）。以前兔毫是连兔皮带毛一起采购的，需要从兔皮上把毛拔下，称为“施兔皮”。具体方法是将兔皮浸泡在水中，浸泡时按一层兔皮一层草木灰叠放，一段时间后兔皮腐烂，然后把毛拔下，这样不会损伤毛毫。

羊毛原料的分拣是按毛毫的长短、粗细、色泽、有锋无锋、锋长锋短等的不同，一簇簇地分别拣出，按不同的规格、质地、等级归类，以适应制作各种规格的毛笔或用于笔头不同部位所需。一般要分拣成十几种类型的笔毛料，类型名称有细光锋、细直锋、白尖锋、黄尖锋、细长锋、广长锋、粗爪锋、上爪锋、透爪锋、脚爪锋、长粗毛，等等。其中细光锋、细直锋为最优质的毛毫，适宜制作高档羊毫笔。

笔料工序——拣羊毛

兔毫笔原料（山兔毛）的选料更为细致，因为其中既有纯色的毛，如纯黑（紫毫）、纯白（白毫，带黄褐色）的毛，还有一根毛上有黑白色交错的，称为花毫。因此在分拣时除了区分长短、粗细，还要区分颜色。而花毫中黑白色交错的部位不尽相同，这也需要分别拣出。总之，无论纯色的紫毫、白毫还是杂色的花毫，分拣时都要一根根地挑选，分别归类。

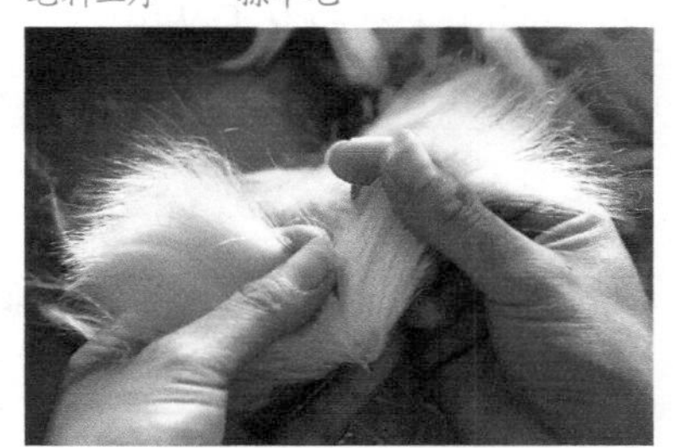
笔料工序——拣羊毛

笔料工序——拣毫（兔毫）

在传统湖笔制作中，笔料工

序是由专门的经营笔毛原料的“笔毛行”加工完成的，制笔作坊或个体笔工按需要去购买各种规格的笔毛料。笔毛行中对兔毫的拣毫工作，则分发给附近村庄中的农民去做，也给附近农家带来经济收入。

（2）水盆工序，又称“水作工”，主要工作是在水盆中对笔毛料进行浸洗、筛选、梳理、整形，把笔毛料加工成半成品的笔头，这是湖笔制作最复杂、最关键的工序之一。由于羊毫、兔毫、兼毫、狼毫的制作工艺有所不同，因此水盆又分为羊毫水盆、兼毫水盆（包括兔毫）、狼毫水盆（又称画笔水盆）各个工种，各由专门技工分别操作，并且历来都由女工从事。

水盆工序操作过程比较繁复，其中包含的小工序有二十余道。以羊毫水盆为例，大致有浸、拔、抖、做根、联、选、晒、挑、切笔芯、搅、盖笔头等。操作内容简要介绍如下：

浸：将羊毛在水中浸透。

拔：将羊毛从“皮根”（表皮组织）上拔下，根据毛簇的长短，分为一朵朵（直立状）地归类。

抖：把皮根等杂质去掉。

做根：用骨梳在一朵毛的根部进行梳理，把其中的绒毛梳出毛的根部，成为长出一小段的“根”，再把笔毛上部的绒毛梳掉。

联：以上的羊毛朵中羊毛的顶端呈自然状的长短参差不齐，

“联”的过程是将羊毛从顶部由长到短地一批批夹出，重新归并，使锋端基本平齐，然后将根部也切齐。切齐后的羊毛呈刀片状，俗称“刀头毛”。

羊毫水盆工序——做根

选：对初步归并的“刀头毛”，根据顶端锋颖深浅（锋颖透明部分的长短）的不同，进行挑选，分类放置，以用于笔的不同部位。一般锋颖深的作“披”， 锋颖浅的作“柱”。

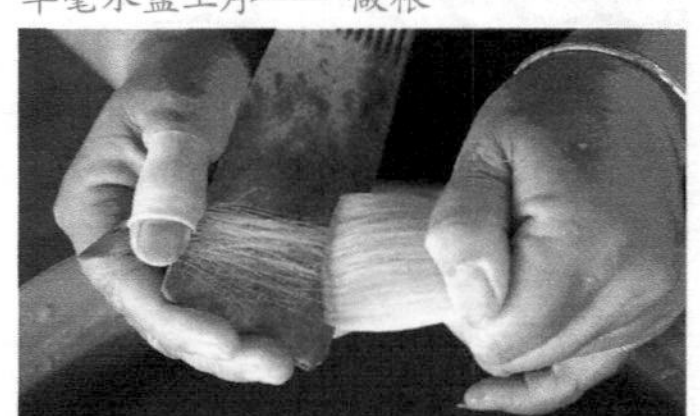
羊毫水盆工序——联

晒：将选好的“刀头毛”进行日晒夜露，其作用一是使笔毛色泽增白，俗称“人越晒越黑，毛越晒越白”；二是脱脂，以利于笔毛吸墨；三是有助于下一道工序的“挑”。

羊毫水盆工序——选

挑：将晒干的“刀头毛”重新浸湿，然后将其中的无头毛（失去锋颖的毛）一根根挑去，确保笔尖上的毛根根有锋颖。

羊毫水盆工序——挑

切笔芯：对笔头进行成形的工序。将做笔芯的“刀头毛”按笔头长短规格切去根部，然后按规格另截取长短不同的羊毛，一批批拼入其中。一般拼入五六批，长锋笔品种拼入的批数更多一些。

搅：或作“搞”， 延续上道工序，把有锋颖的毛和先后拼入的毛混合均匀，使原来的“刀头毛”呈现匀称的下厚上薄的形状，成为锥状笔头的雏形。

羊毫水盆工序——晒（刀头毛）

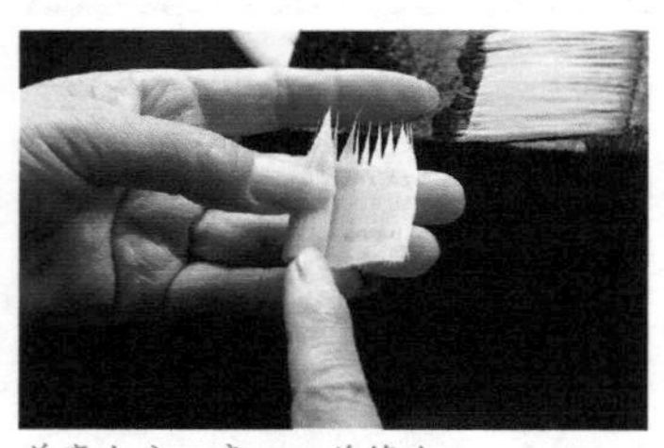
羊毫水盆工序——盖笔头

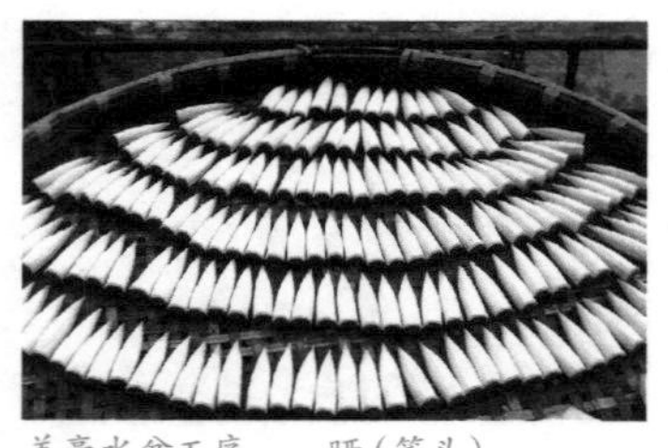
羊毫水盆工序——晒（笔头）

盖笔头：笔头最后成形的工序。分“圆”和“盖”两个程序。将以上成片的笔芯毛按一个笔芯量的规格一片片分出，卷成圆锥状笔芯，称为“圆”；将另外做好的披毫毛卷盖在笔芯外，称为“盖”，笔头至此制作成形。

笔头中笔芯和披毫在制作中是分别进行的，披毫的做法及工序类似做笔芯中的“刀头毛”，只是披毫对锋颖的质地要求更高一些。

兼毫水盆工序过程与羊毫水盆在原理上大体相似，但具体操作还是有许多不同，有些相似的工序在叫法上也不一样。不同之处主要有：

兔毫笔毛料已经是一根根分离的毛，不存在“拔”和“抖”这两道操作工序。

羊毫水盆中“联”的工序在兼毫水盆中分为“索”和“做顶”两个程序，其目的是达到锋颖顶端的平齐，而兔毫在这方面的要求更高，因此“做顶”要做两遍以上，不使有一根毛的锋颖突出或缩进。

兼毫水盆工序——索

兔毛、羊毛在一根毛的中部偏上位置有一小段略粗，称为“毫块”，兔毫毫块较羊毫更明显，并成一束毛时这一段就会呈鼓出状，因此要形成锥状的笔头，中下部的衬毛操作就与羊毫笔有所不同。

兼毫水盆工序——挑毫

兔毫笔也要挑去无头毛，但羊毫笔的锋颖呈透明状，可以在对光时根据透明程度挑出无头毛，而兔毛锋颖并不明显透明，挑无头毛就要用手指按住锋颖“弹”出无头毛，然后挑去。由于这一原因，以及也不存在“晒白”的问题，因此兔毫水盆

兼毫水盆工序——搅

工序中没有"晒"的过程。

兔毫中还有紫毫、白毫、花毫的颜色区别，有的品种各色毫是拼用的，如"紫白"（五紫五羊毫）笔，拼用紫毫、白毫，并且要求两种毫基本上依次交错搭配，这种操作上的特殊性羊毫笔就不存在。

兔毫笔的披毫一般也用羊毛，如紫毫笔的披毫就用黑色羊毛，工序及方法与羊毫笔的做披毫基本相同。

（3）结头工序，也叫"扎毫"，水盆做好的半成品笔头经过晒

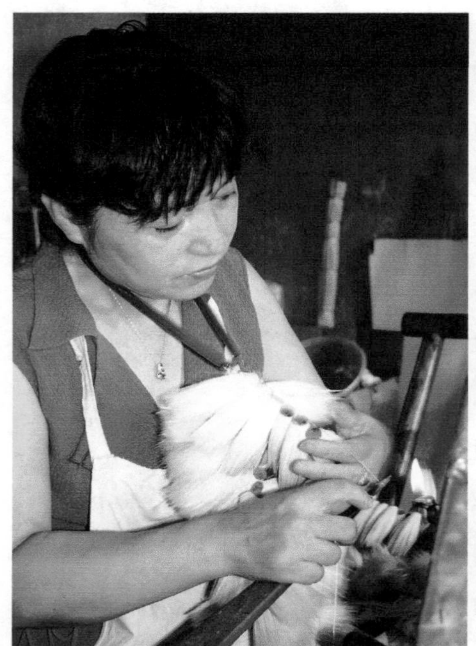

结头工序——结笔头操作

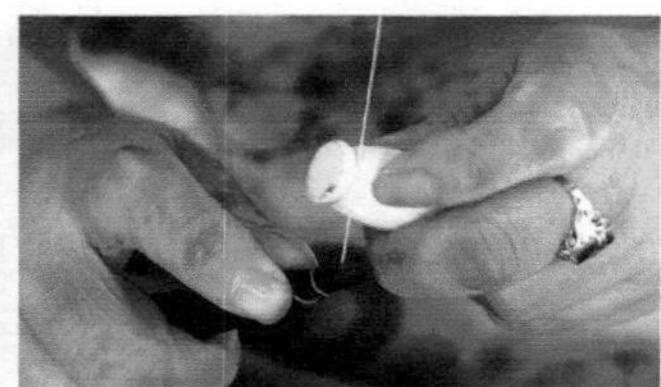

结头工序——扎毫

结头工序——烫松香

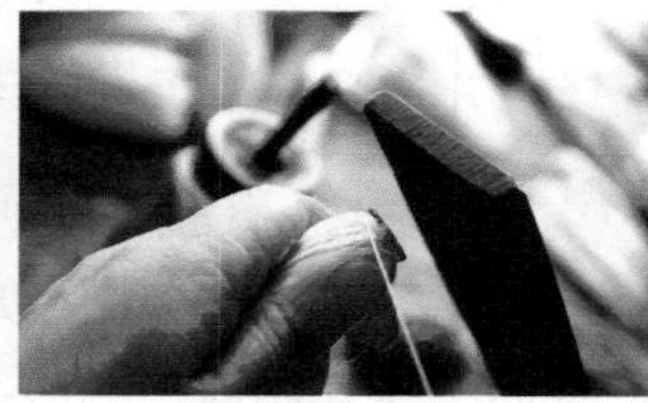

结头工序——敲笔

干，然后送到这一道工序进行结扎。其过程是先用丝线在半成品笔头的根部将毛毫捆扎，然后将松香在油灯上加热，把熔化的松脂涂在笔头底部，使扎好的毛毫根部进一步黏结。这一工序的基本要求是线箍深浅适当，捆扎黏合牢固，防止脱毛。笔头底部平整，不能有“马蹄形”、“盆子底”等不平整形状，否则会造成笔头毛毫不齐。

**2. 笔杆加工**

笔杆加工主要是蒲墩工序，指对用作笔管的竹梗原料进行检验和分选。因旧时笔工是坐在一个蒲墩上进行操作的，故而得名，业内也称为“打梗”。

蒲墩工对竹梗料要逐根挑选，分出不同的等级和规格进行归类，以适应制作不同档次、不同规格毛笔的需要。“打梗”要分好多批次进行，大致程序是：

首先分质量档次，一般分为四个等级。有意思的是等级命名是采用《易经》中第一卦“乾”卦的卦辞“元、亨、利、贞”四字，称为

蒲墩工序——蒲墩

“元字、亨字、利字、贞字”四等。“元字”为最优等级，用于制高档毛笔，要求竹梗直（不弯曲）、圆（接近正圆）、匀（两端粗细均匀），以及颜色青白并统一；“亨字”级颜色稍差，用于制中档笔；“利字”级各方面要求又低一些，用于制低档普及型的笔；“贞字”级则为废品，包括有干裂、虫蛀以及过于不圆、不匀的竹梗等。

其次分规格型号，对同一质量等级的竹梗再逐一按粗细进行分拣，一般要分出五种以上型号，合计起来对竹梗料最后要分为二十种左右的种类。

各种类型的竹梗选定后，分别装入事先制好的竹簏内，称为“打饼”，供下一道工序选用。

“打梗”工作看似简单，实际上同样需要很高的技术与丰富的经验。首先，对竹梗的“直、圆、匀”及色彩、粗细的辨别都要靠笔工的目测与手感，不可能用其他度量工具鉴别，因此没有长期磨炼出来的眼力和手感是做不好这一点的。其次的难点是，竹梗从“打梗”到最后制成毛笔要经历一段时间。在此时段中，它的各方面形态会起一些变化。比如“打梗”时竹梗的颜色看似青白，但过一段时间有的竹梗颜色会变，局部发黑、发黄等；有的原来很圆，但到后来会有所缩瘪。主要原因是有的竹梗外形无异，但内在质地却很嫩，也就是内含水分较多，过一段时间水分挥发，外形就会起变化。因此蒲墩工还需要靠目测、手感来辨别竹梗的老、嫩程度，以便剔除嫩竹，其中包括用手掂重量，重者为老，轻者为嫩，这种重量的差别是极其细微的，全靠笔工的手上绝技才能明察毫厘。

**3. 笔头、笔杆的装配及总体加工**

（1）装套工序，包括装和套两部分工作内容。装包括两个部分，一是装笔头，即把笔头和笔杆按规格对号进行装入；二是“装竹顶”，即在笔杆尾端的竹孔中装入一圆竹块，封住孔洞使尾端平齐。“套”即制作笔帽把毛笔笔头套上。主要小工序有切笔杆、平头、绞孔、拉脐口、装笔头、装竹顶等。

切笔杆：将过长的笔杆按规格用刀切短。

平头：对切好的笔杆两头进一步切削，使之平齐、光滑。

拉脐口：与平头同时操作，把笔杆顶部外围的棱角用刀削去，成一斜肩，有助美观。

装套工序——压梗

绞孔：又称为“车”，是装套工序技术难度较大的操作。即用刀在笔杆内径挖孔，以适宜笔头装入。具体操作方法是右手持刀，将刀口伸入笔杆内孔，左手按着笔杆在一橡皮垫（称为“车砧”）上来回滚动，使刀口“车削”内孔至一定规格。其

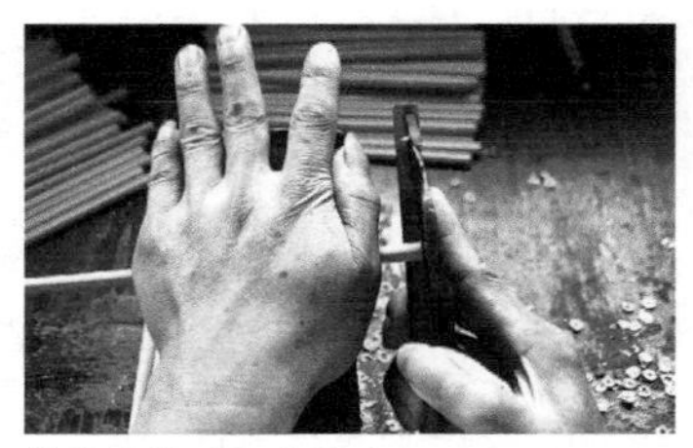

装套工序——平头

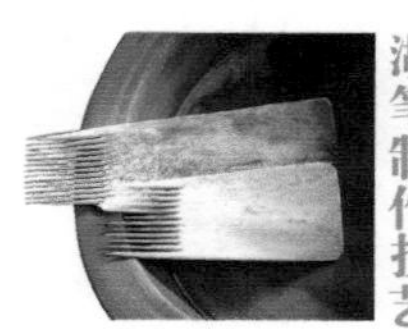

装套工序——拉脐口

装套工序——绞孔

装套工序——装竹顶

难度在于“车”出的内孔大小、深浅与笔头要适配，使笔头装入不松不紧。技术高超的装套工能做到把笔杆管壁“车”得很薄，但装入笔头又不致碎裂。

制作笔帽，类似对笔杆的“车削”，不同的是车削的孔更深，要求同样是笔帽套在笔杆上不松不紧、不深不浅，笔帽管壁要薄但又不致碎裂。

装笔头：将笔头放入孔内，如有松紧不适，则再用“车”进行调整。

（2）牛角镶嵌工序，就是以湘妃竹、凤眼竹等花竹梗或红木、檀木等材料作为笔的主杆，再用牛角在笔杆上镶嵌一段，使笔杆造型更美观，气韵更雅致。花色笔杆的牛角镶嵌一般要经过车、锯、镶、刨等六道工序。

牛角镶嵌分镶头和镶尾两种。镶头又叫“装斗”，斗的造型有“直斗”、“鬏斗”、“葫芦斗”、“橄榄斗”、“三相斗”、“羊须斗”数种；镶尾则称“装挂头”，因所镶的尾段中间安有小绳套，便于挂笔，所以称“挂头”。造型有“宝塔头”和“葫芦头”。工艺要求斗和挂头的外表要亮，口径要光，连接紧密。

牛角镶嵌工序——车

传统湖笔品种基本上全是用青竹梗，因此善琏没有此种工匠，旧时花色笔管全由外地工匠所制。新中国成立后为扩大品种，始引进外地工匠从事这一工序。

牛角镶嵌工序——镶尾

（3）择笔工序，又称为“修笔”，是把笔头正式安装黏结在笔杆中，然后对笔头进行最后的毛毫整理、笔头成形的工序。择笔是湖笔制作技艺中最重要的工序之一，其操作水平的高低对产品质量关系极大，因此择笔技术在行业中被公认为是最关键的技术之一。羊毫、兔毫、兼毫的择笔工艺略有不同，因此择笔工也分为羊毫择笔和兼毫择笔的不同工种，一般情况互不兼职，极个别技艺突出的老师傅才有可能胜任两种毫的择笔。

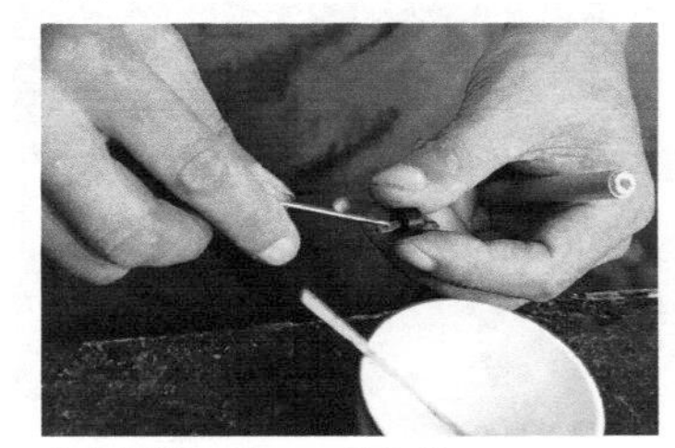
牛角镶嵌工序——穿挂线

以羊毫择笔为例，其小工序主要有注面、熏、清、择、抹等。

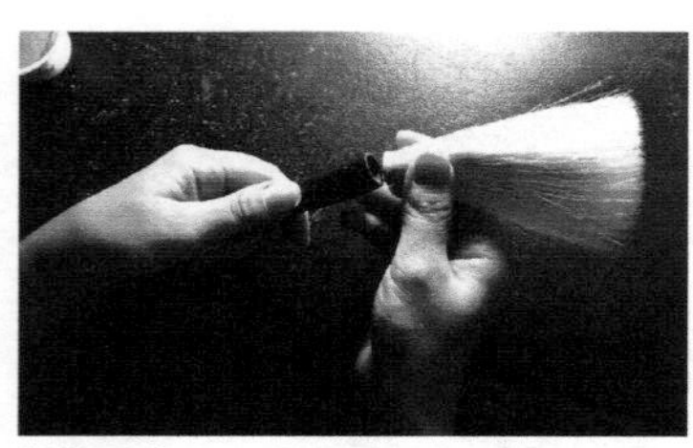
择笔工序——注面

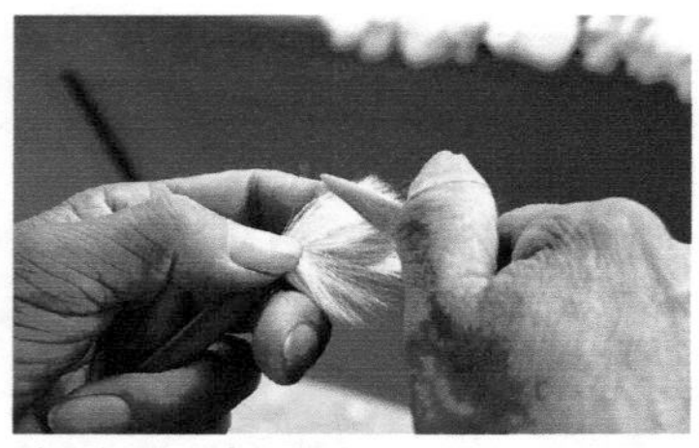
羊毫择笔工序——择

羊毫择笔工序——挑披毫

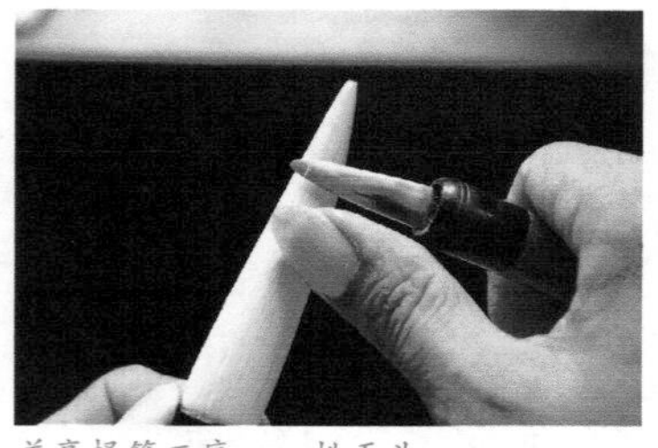
羊毫择笔工序——挑无头

注面：将笔头装入笔杆并粘牢的工序。在装套工序仅将笔头放入笔杆，并未正式固定，正式装入并黏结固定由择笔工完成。据传，古时候是用鸡蛋清拌面粉作为笔头的黏合剂，至近代逐渐采用将漆片溶于火酒（酒精）作为黏结材料。注面主要应掌握好笔头埋入笔杆的深浅，要符合品种规格的规定。笔头要与笔杆保持垂直，黏结要牢固。

熏：注面后隔一天左右，待黏结材料干透，将笔头在清石灰水中蘸湿，然后在加热的硫磺上熏一下，目的是使笔头增白与脱脂。要领是石灰水不能过浓，蘸湿即可，硫磺熏的时间不能过长，十几分钟就行，避免损伤笔毛。

清：熏好后的笔头晒干，蘸“六角菜”（浸出的黏液），手抹笔头初步成形，再晒干。目的是为进一步择、抹成形打好基础，使笔毛更加挺直。

择：对笔头毛进行检验、整理的过程。将晒干的笔头毛打开，进行“挑削”，“挑”即挑去无头毛，“削”即削去锋颖“肩界”不齐的毛，俗称“削肩界”。要求十分精细，从笔芯到披毫层层都要检验周到，俗称“择四面”。

抹：这是笔头最后整形的工序。笔头蘸“六角菜”，用手抹笔头，凭手的感觉，发现笔头有细小的凹陷或鼓起现象，抹之使浑圆。其间结合择的手段，去掉质差的、多余的或杂乱的毛，使笔头从外观到内质达到完美。由于抹的功夫对笔的质量至关重要，笔工中有“择三分，抹七分”的说法。

兼毫择笔与羊毫择笔的主要

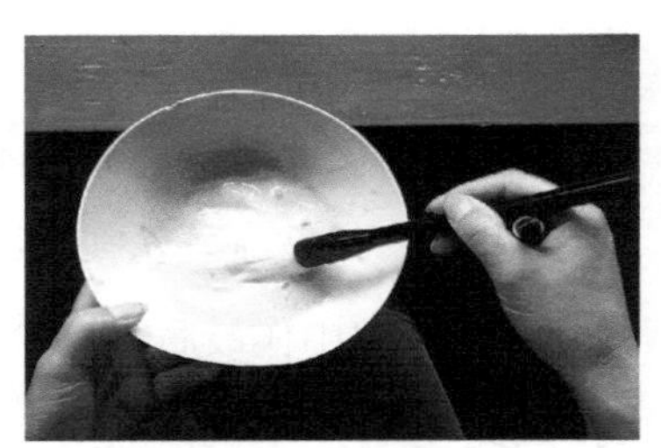
择笔时笔头蘸六角菜

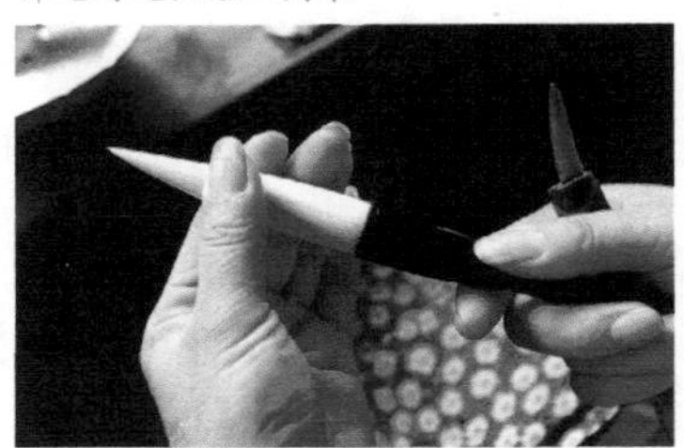
羊毫择笔工序——抹

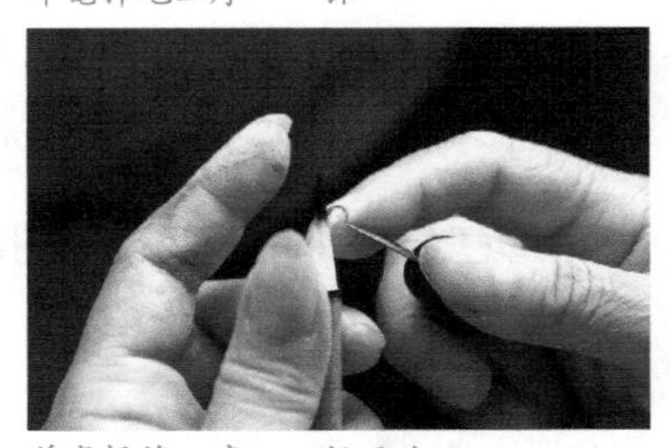
兼毫择笔工序——挑无头

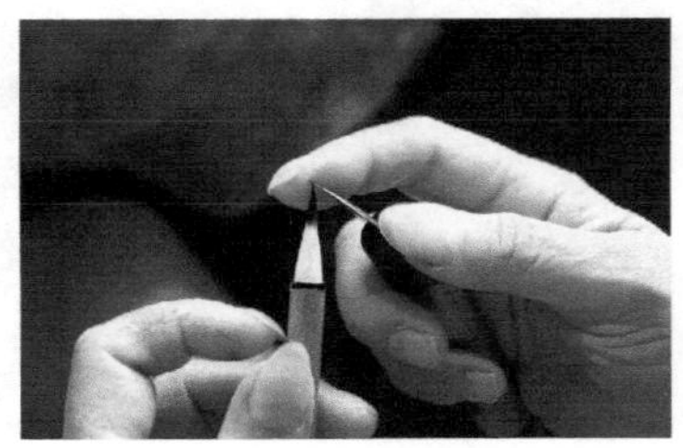
兼毫择笔工序——捉顶

不同点是：兼毫笔注面使用生漆拌面粉作为黏结剂；没有"熏"和"清"这两道工序；兔毫笔毛有花色不同，花色的排比、配置都有特定要求，如"披白"笔，必须是紫毫裹住白毫，不能有一点露出，这都要在择笔中作最后的检验与处理；兔毫笔对笔锋齐平的要求更高，因此在"择"、"抹"基本完成后增有一道"盘头"工序，首先是"捉顶"，即对笔锋的顶端再进行一次检验，有一两根略露出头的笔毛都要除去，俗称"去掉阉鸡毛"；其次是对前道工序或有遗漏的无头毛、杂毛再作清除。"盘头"工序甚至作为专门工种由专人司职。

（4）刻字工序，在毛笔笔杆上刻上笔的商品名和生产单位字样的工序。在传统的生产、营销方式之下，善琏笔工主要只从事制笔，不直接零售毛笔，毛笔商品名主要由笔店取名，生产单位也都由笔庄、笔店具名，因此刻字这一工序是由笔庄、笔店招募刻字工人来完成的。善琏笔工中少量兼而从事售笔的，其刻字也都请外地人进行，因此善琏本地并没有刻字的工人。新中国成立后，善琏湖笔制作开

刻字工序

始集体化生产，产品除了供给知名笔店外，相当部分自产自销，因此也就在厂内逐步配备了刻字工，这些刻字工最早都来自外地，一般就是原先在笔店工作的具有丰富经验的刻字工人，以后便定居善琏，开始带徒传承。

刻字也是功夫颇深、技术性较强的一个工种。笔杆上刻字的方法是独具特点的，它不同于一般书写的方式，如按照字的笔画顺序，并且一个字写完再写另一个字，而是将字的笔画进行分类，按照一定的顺序，将所有字的同一类笔画成批地逐次刻写，最终由笔画拼接成字。刻字工对汉字笔画分为四类，并有行内的类别名称，分别是（按刻写的顺序）："划"（横）、"挺"（竖）、"挑"（撇、捺、提）、"点"（点）。各类笔画的刻写都有不同的技术要领。

刻字的质量要求是字体大小匀称，字距均匀，直行排列要达到"一支香"，即整行字如"一支香"般整齐、垂直。字体镌刻要不拼刀、不偏刀、不漏刀，不脱体，划头平整。笔形要求是："点"呈瓜子式，"竖"的上端宝剑式，"长钩"粗细均匀，上下字体略粗，中腰字体略细。字体要美观，具有书法意味，且正、草、隶、篆各种书体都要掌握。因此，刻字工既要熟习书法，又要对字的笔画、构架、字形有特殊的拆分把握，同时还要刀功娴熟，对不同质地的笔杆能因材施技，才能刻出整齐、美观并富有艺术性的字，为毛笔产品的整体质量增色。

在以上各道主要工序后，湖笔还要经过笔杆揩色、贴商标、包扎等工序，最后成为商品应市。

## [贰]湖笔制作主要工具和器物

水盆工具——作盆

水盆工具——盖笔刀

水盆工具——作板

水盆工具——盖笔石

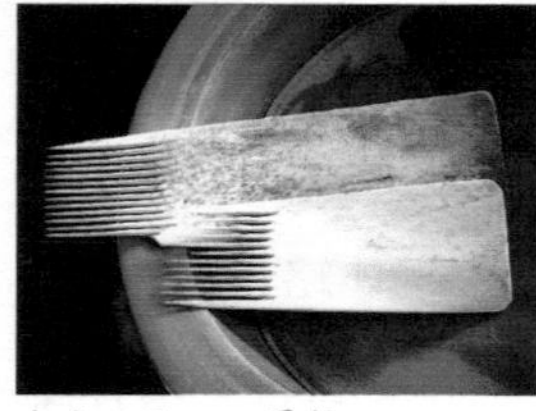
水盆工具——骨梳

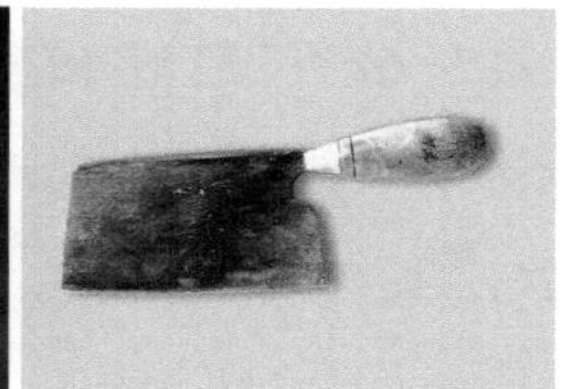
水盆工具——撳刀

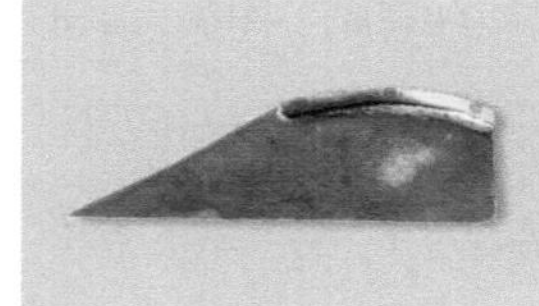
水盆工具——车刀

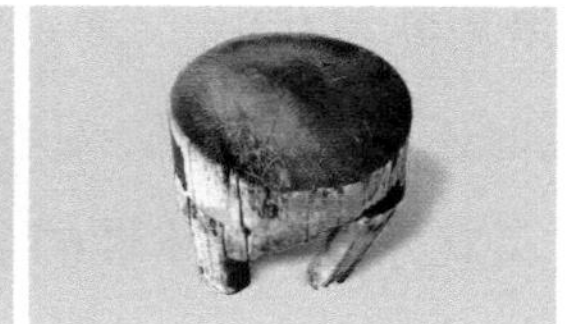
水盆工具——墩头

### 1. 水盆工序

作盆：装水的盆，材质为陶器，冬天时下面可用炭火加热盆中的水。相关整理笔毛的工序就在作盆中操作。

作板：盆上搁置的木板，作为工作台用。

骨梳：用牛骨制，有两种规格。一种稍大，称“搅板骨梳”，梳子状的一端用于梳理笔毛，搅匀衬毛等；

一种稍小，称为“临摸梳”，在“联”及“束”的操作时用。

车刀：一边呈锐角的梯形刀片，用于挑无头毛。

盖笔刀：呈细长形，“圆”、“盖”笔头时用的刀具。

盖笔石：砖状石块，表面光滑，临时摊放笔毛，笔头“圆”、“盖”时在盖笔石上操作。

样板：薄木片，其宽度作为比量笔毛长短的样尺，各个品种笔头中采用的各种长短的笔毛，每一种尺寸都有一块固定的样板。

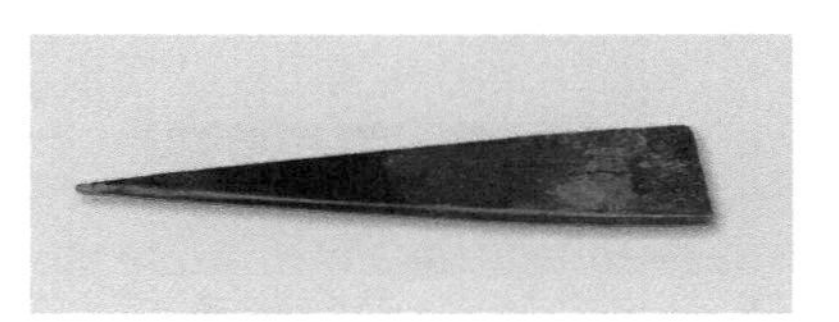
结头工具——敲笔尺

撳刀：金属刀，用于切毛。

墩头：木制，切毫时用的砧墩。

结头工具——油灯

麒麟菜：一种海藻，浸液有黏性，用于临时黏结笔毛，遇水可化。性能与六角菜相似，但价格较低廉。

**2. 结头工序**

敲笔尺：红木制的三角形尺，尺的平面用于拍击笔头底部，使笔毛底部平齐。尖状的一

结头工具——松香

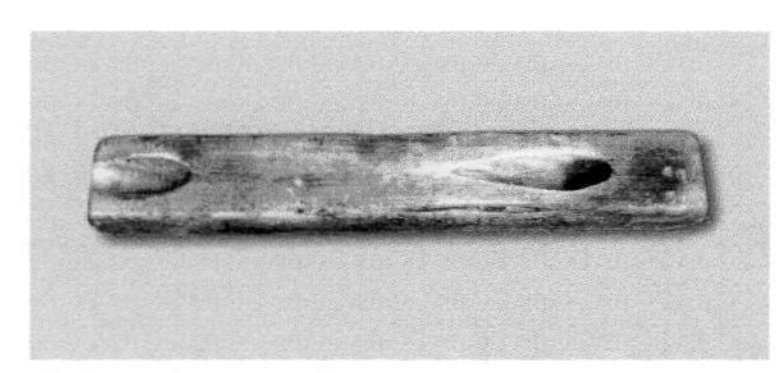
装套工具——压板

装套工具——车砧

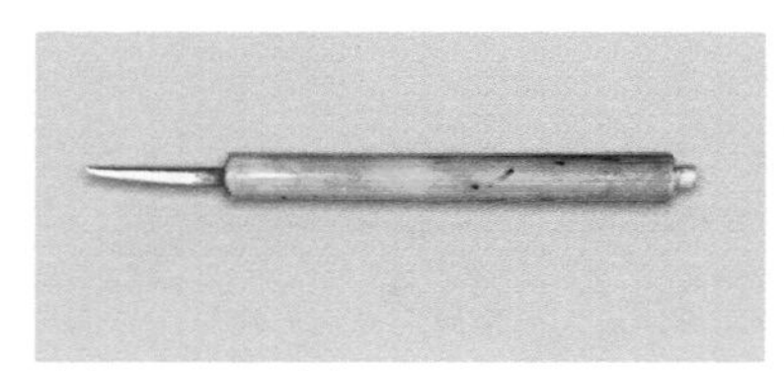
装套工具——装套刀

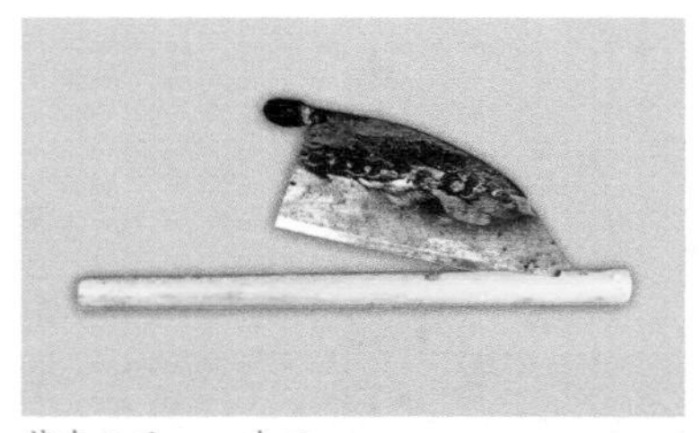
装套工具——车刀

装套工具——断刀

端在结扎笔头时绕住线的一端，便于使力拉紧线。

油灯：用于加热松香。

结笔线：结扎笔头的线。

松香：燃涂在笔头底部，使笔毛黏结。

**3. 蒲墩工序**

蒲墩：操作时的坐具，制作方法是将稻草秆紧密捆扎，两端切齐成圆墩状。

拨（读音近似“帛”）篮：为较浅的竹筐，“打饼”时用以竖直放置竹梗，以便套上竹箍。

筐（方言称作“部”）：普通竹筐，用以临时放置各种档次、规格的竹梗。

**4. 装套工序**

压板：有两个斜孔的木板，用于将弯的笔管压直。

车砧：大致呈梯形的木块，

上面蒙有橡胶皮。绞孔时笔杆按在上面来回滚动。

装套刀：用于在笔管内绞孔的细长形刀具。

车刀：将笔杆端部削齐的刀具。

断刀：切笔杆用。

墩头：木墩，切笔杆时作砧墩。

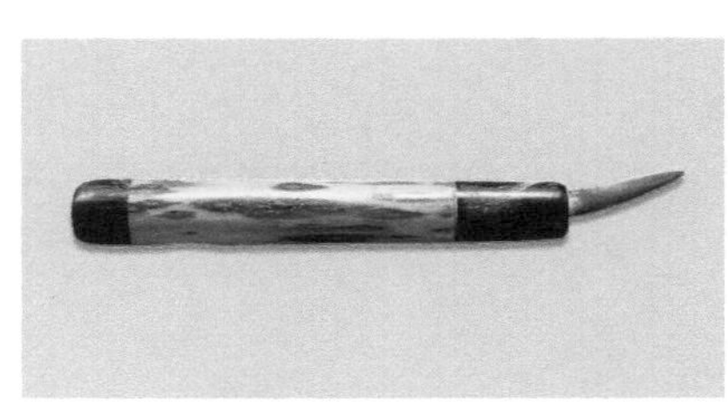

择笔工具——择笔刀

六角菜

**5. 择笔工序**

择笔刀：用于挑削笔毛。

晾板：长方形木板，两端有略高起的边框，旧时毛笔用竹笔套，此板用于临时将笔与笔套配对按序排放，以免混淆。

漆片：用酒精溶解后，作为黏合剂用于羊毫笔的“注面”（旧时用鸡蛋清拌面粉作黏合剂）。

生漆：拼少量面粉，作为黏合剂用于兼毫笔的“注面”。

六角菜：一种海藻，浸液有黏性，用于临时黏结笔毛，遇水可化。

**6. 刻字工序**

挺刀：刀口为半月形，主要用于刻“点、竖、撇、捺”等笔画。

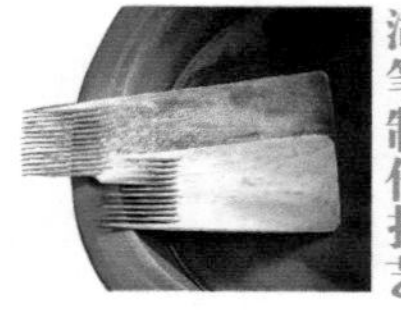

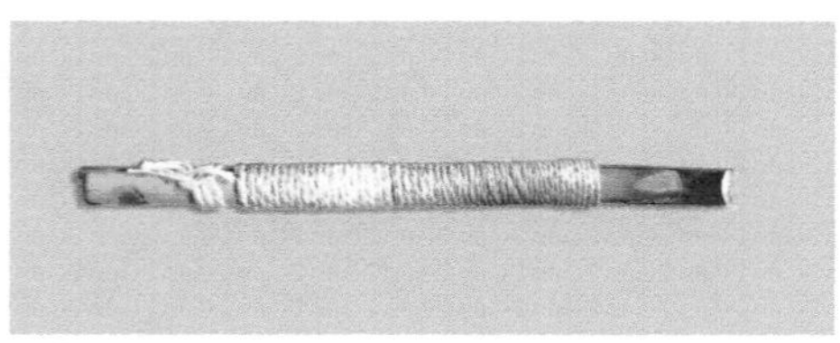

刻字工具——挺刀

刻字工具——划刀

刻字工具——油石

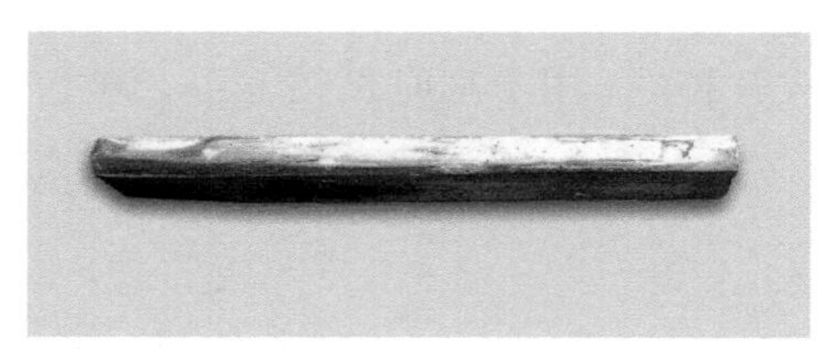

刻字工具——磨石

划刀：刀口为半月形，主要用于刻“横”笔画。

油石：磨刻字刀具时用。

磨石：用油石磨刀后，再用磨石将两端的刀尖磨掉一点，刻起字来使笔迹有粗、细、深、浅的变化。

**7. 包装工序**

笔盒：装笔的盒子，主要有纸盒、锦盒、木盒三种。一般用于装较高档次的笔，以及礼品笔。有一支装及多支装的不同规格。

笔盒：木盒（左）、锦盒

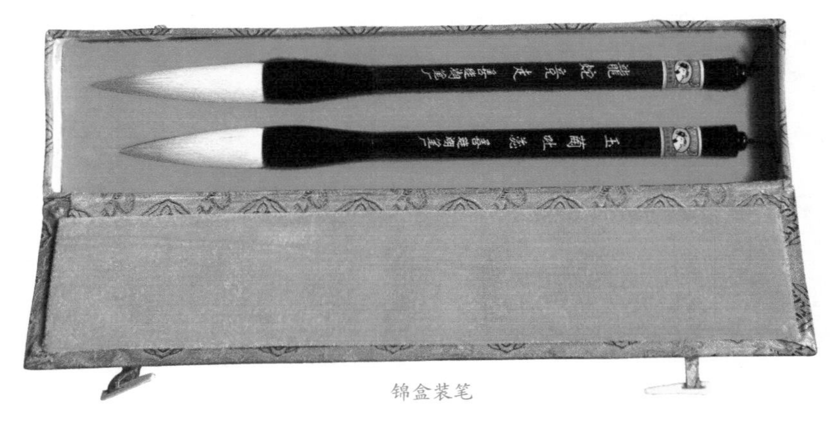

锦盒装笔

湖州

# 湖笔制作技艺的特征与价值

湖笔自元代至今的七百余年中，始终居于中国毛笔精品的代表地位而毫无动摇，主要在于它始终保持着优良品性。这种优良品性集中表现在它具备『尖、齐、圆、健』的毛笔『四德』。

# 湖笔制作技艺的特征与价值

## [壹]湖笔制作技艺的特征

**1. 优良品性——“尖、齐、圆、健”**

湖笔自元代至今的七百余年中，始终居于中国毛笔精品的代表地位而毫无动摇，主要在于它始终保持着优良品性。这种优良品性集中表现在它具备“尖、齐、圆、健”的毛笔“四德”。

毛笔是我国数千年以来传统书写、绘画的最主要工具，并且作为国粹的书法、中国画艺术对毛笔有很大的依赖性，因此，我国对毛笔的制作技艺及质量要求历来十分讲究。历代的主要使用群体即文人士大夫阶层，在书写、绘画的实践中对毛笔的良莠不断体验，不断总结，笔工们则据此不断改进。至元代湖笔崛起，其优良的品质日益为世人所认识，到了明代，终于精辟地概括出优良毛笔的品质要求——“尖、齐、圆、健”。明初解缙的《笔妙轩》首先把它加冕于湖笔，在称道湖州笔工陆文宝的时候云：“闻君制作非寻常，尖齐圆健良有方。”[1]稍后，人们则进一步把“尖、齐、圆、健”称之为毛笔“四德”。明代屠隆在所著的《考槃余事》中提出：“制笔之

[1] 《文毅集》卷四，《四库全书》第1236册。

法，以尖、齐、圆、健为四德。”[1]而后陈继儒在《妮古录》中也说：“笔有四德，锐、齐、健、圆。”[2]提法略有不同，但含义一致。自此，“尖、齐、圆、健”既是人们对优良毛笔的泛指性评价，也是对湖笔优良品性的专指性赞誉，湖笔制作技艺的精湛性得到了普世公认。

湖笔“四德”有其特定的含义。

尖，是指笔锋尖如锥状不开叉，使之落纸有锋，尤其是点、撇、钩、捺的笔画能意到笔到，细笔描画能纤毫必现，不致粗钝。

齐，主要有两层含义，一是指笔毛散开后顶端平齐无参差。它与“尖”存在着一种辩证的关系，即笔锋的“尖”并非是有数根笔毛突出在顶端，而是笔芯的毛毫整体上顶端要齐，在聚拢时又要“尖”，这种“尖”的效果是利用毛毫天然就具有尖细的毫端而造成的。在“齐”的前提下达到的“尖”，就能使笔端吸墨饱满，吐墨均匀，即使是纤细的描画但笔触依然润泽有力。二是指在兔毫的花毫产品中，每根毛毫不同部位的不同颜色，形成笔头时都要对齐，使笔头整体外观方面不同颜色的分界整齐一致。这既有使用性能上的意义，也是对外表美观的追求。

圆，一是笔头的圆周尽可能正圆，不凹不凸，上下匀称；二是内里饱满，不空不鼓，使笔毛着纸时铺开均衡，行笔能圆转如意。无

[1] 《古今图书集成》第一百四十七卷，台湾鼎文书局，1977年初版，第63册。
[2] 清梁同书《笔史》，载《丛书集成初编·笔史》，中华书局，1985年北京新一版。

论提按，粗细笔画都能丰满、圆润。同时也有利于吸墨饱满、吐墨均匀。

健，也包含两层意思。一是笔毛健挺，不脱不败，书写时笔毛富有弹性，收笔时笔头恢复锥状如初，使每一笔书写时笔头都保持着良好的性能状态。二是笔的经久耐用。总之，所谓“健”，正如明代的袁桷在称赞冯应科制作的笔时所说：“圆不至软媚，劲不至峭直，一笔可作万字。”[1]“四德”之中，尤以“圆、健”最为难得。

**2. 用料讲究，选料严谨**

湖笔“尖、齐、圆、健”的优良品质，取决于多方面的因素，其中对使用材料的讲究与精选是重要的基础。

“笔之所贵在于毫”，传统湖笔制作首先对笔毛料的精选尤为注重。湖笔制作对笔料毛的产地、采集季节均有严格要求。制作羊毫笔的山羊毛主要采于嘉兴市部分县、区，历来有“硖石（今海宁市）第一，秀水（今秀城区）等县次之，嘉善、海盐皆不佳”[2]的说法，这一带的山羊毛具有毛细、锋嫩、色白、质净的特点。制兔毫笔的山兔毛，旧时主要采于江苏省南京市溧水县的中山，明代《吴兴备志》有“北取兔毫于溧之中山”的记载。[3]此外，也采用与溧水相

[1] 《清容居士集》卷四五《赠番易笔工童生》，《四库全书》，上海古籍出版社，1987年版，第1203册。

[2] 清梁同书《笔史》，载《丛书集成初编·笔史》，中华书局，1985年北京新一版。

[3] 明董斯张《吴兴备志》卷二六。

邻的安徽省东部山区的兔毛，再向北的江淮地区的山兔毛就不能用。湖笔行内有“淮兔不能做笔”的说法，可见其严谨。狼毫笔所用的黄鼠狼尾毛要至东北采集。山羊毛、山兔毛均须在冬季采集，因为冬季动物毛毫生长缓慢，其质地比较成熟而坚韧，且动物活动减少，毛毫的锋颖较少磨损。

湖笔的笔管料以竹管为主。从毛笔的实用性来说，竹笔管应是最佳选择，如屠隆在《考槃余事》中所说：“（金、银、木等笔管）皆不若白竹之薄标者为管，最便持，用笔之妙尽矣。”[1]湖笔竹笔管料分为青梗竹、花竹两类，青梗竹管旧时主要从杭州余杭的文山采集，此地青梗竹质地最佳，《吴兴备志》载有“南取绿管于越之文山”的说法。[2]花竹管主要就是“斑竹”（又称“湘妃竹”），去我国的中、西部一带采集。这些产地竹管料的特性是圆而坚直，花竹则色彩自然、匀称。笔管料的采集季节也在冬季，因为冬竹质地坚硬，不蛀不裂，其中冬季的青梗竹管色泽更加青白。因竹笔管料与山羊毛、山兔毛都须在冬季采集，业内常合称为“三冬”。

**3. 工艺独特，操作精细**

传统湖笔制作对操作工艺有很细致、严格的规范，达到这些规范需要具备很高的技术水平，由此互动促进，使湖笔制作技艺不断

[1] 《古今图书集成》第一百四十七卷，台湾鼎文书局，1977年初版，第63册。

[2] 明董斯张《吴兴备志》卷二六。

臻于精湛。

湖笔对锋颖的讲究，最能体现湖笔工艺的独特风格，湖笔因此又称“湖颖”。“颖”是指笔毛在自然生长状态下未受损伤的呈尖刺状的端部毛毫，它比毛的其他部位更细，对着光线时即呈半透明状。笔工们称羊毫的锋颖为“黑子”，缘由是羊毛本为白色，但在对着光线时透亮的锋颖反而看上去色泽暗沉，所以称“黑子”。对“黑子”的要求是“肩界齐，黑子明”，“肩界齐”指笔头透亮部分的下端界线分明而平齐，意味着每一根笔毛的“黑子”部分要长短划一，锋颖缺损或过长、过短的毛都要在水盆和择笔的工序中除去。“黑子明”即是锋颖段越透明越好。这种笔蘸墨书写时，按下去笔毛散开而饱满、整齐，提起来笔锋收拢仍是尖锥形。兔毫也讲究锋颖的透明与“肩界齐”，但兔毫为黑色，锋颖透明处毛色显得明亮，因此笔工对它的称呼正好与羊毫相反，称为“白锋起”。

羊毫“肩界齐，黑子明”（半成品）

湖笔制作的各道工序中，对笔的品质关系最大的是水盆和择笔工序。湖笔“四德”及对锋颖的讲究，主要取决于这两道工序的操作，其中工艺的独特性和精细性在多方面有所体现。

湖笔羊毫追求的“肩界齐，黑子明”，需要经由水盆到择笔多道小工序的精细操作、层层把关才能达到。首先是羊毫水盆的“选”，各种不同深浅锋颖的笔毛须细致地区分，分别归类。其次是“挑”，把“无头毛”一根根地全部清除。为了使“挑”更有效，笔工们特地增加了一道工序，就是在“选”以后将“刀头毛”进行“晒”，晒干后的毛在重新打湿后，迅即进行“挑”的操作。它的意义是，羊毛在用水浸透后，锋颖与“无头毛”的透明程度区别变小，就不容易把“无头毛”挑干净。羊毛晒干后，这种区别就比较明显，但“挑”的操作又必须在湿毛的状态下进行，于是笔工们就采取把晒干的毛在刚打湿后立即进行“挑”的办法，可以有效辨认“无头毛”而使之挑干净。“晒”的工序在兔毫水盆中是没有的，如果不太讲究的话，羊毫水盆也可以省略，并且其他地方羊毫笔的制作往往就没有这一工序，但湖笔制作则是不厌其烦地加以坚持，可见其工艺的精细和独特。进入择笔工序后，在“择”和“抹”的过程中还要不断检验，不断加工，削去“无头毛”，挑出“肩界齐”，可谓百般挑剔，直至完美。

在羊毫择笔中有一道“清”的工序，即在初步“择”、“抹”后将笔头黏结，晒干，然后再打开笔头进一步“择”、“抹”，实际上将“择”、“抹”分为两次操作。这道工序如果粗放一点的话也完全可以省略，而湖笔制作始终坚持这一工序，其效果是使笔毛成形更坚挺，并且增加了一次“晒”，等于增加了一次自然的增白和脱脂，在用石灰水脱脂和用硫磺熏白的过程中就可以尽量减低力度，如用硫磺熏的时间不过十几分钟，这样可以最大程度地避免笔毛及锋颖受到损伤，使之性能良好且经久耐用。

兔毫笔除了要求锋颖的“白锋起”，还尤其讲究锋颖顶端的平齐，这是因为兔毫较粗而硬，有一根毫略微突出就会对书写带来不利影响，为此，在兔毫水盆中专门有“做顶”的工序，并且要反复好几次。顶端平齐的严格要求，意味着尾端也要绝对平齐，因此笔工在操作中，对笔毛尾部的切齐也要做好几次，反复用样板进行度量，哪怕其中有超出零点几毫米的毛毫，也要用刀仔细地切齐，可谓是毫厘必究，精细之至。

**4. 技术求精，规范严格**

湖笔的优质固然出于工序的讲究和操作要求的精细上，但更重要的因素是依靠笔工高超的制作技术。湖笔制作纯系手工，将不规则的动物毛加工成笔头的过程，除了笔毛的长短可以用尺加以度量外，其他的操作都无法用统一规范的尺度加以衡量，只能凭笔工的肉眼、手感和经验进行操作并把握产品的质量。例如择笔工对笔头形状是否浑圆，哪个部位有突出或凹陷，肉眼根本无法看清，只能凭手的感觉辨别其中的细微差异，进行手抹调整。又如水盆工的“挑无头毛”，即使肉眼看准了“无头毛”，从众多细小的毛毫中正确无误地将它夹住、挑出，没有长期磨炼出来的手上功夫也是很难做到的，因此技术是决定湖笔质量的关键。

湖笔行业长期以来形成了尊崇技术的传统，对笔工的学艺、从业有一套严格的制度。例如制笔学徒必须经过“三年徒弟，四年半作”的过程，不准提前脱离师傅，否则将要接受处罚，对师傅进行赔偿。即使学艺三年以后，没有师傅或社会的确认，也不准独立从事制笔。笔工学成之后，其技艺高低还将接受社会的评判，好的笔工有资格制作高档毛笔，取得较高的社会地位和经济待遇，并允许收徒传艺；技艺不佳的只能制作低档毛笔，各方面待遇也就较差。湖笔制作技艺具有很大的不可捉摸性，技艺传授只能靠口传身授，对技艺的学习只能靠心领神会，要掌握高超的制作技艺必须经过相当长时

轻工业部授予善琏湖笔厂“全国轻工业出口创汇先进企业”奖状

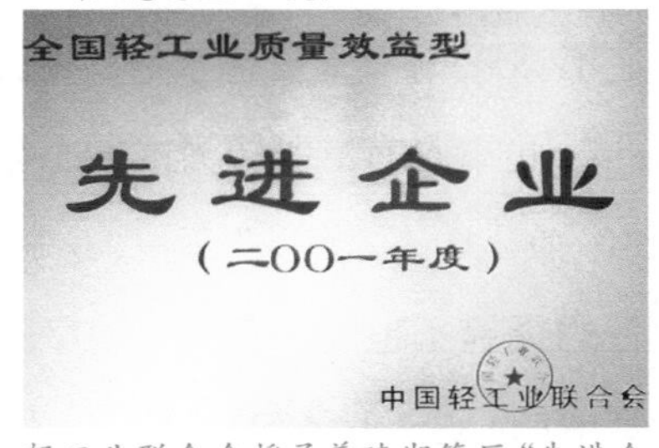

轻工业联合会授予善琏湖笔厂“先进企业”奖牌

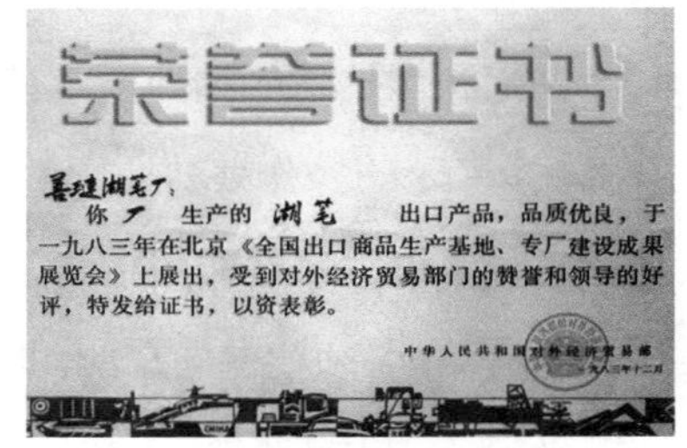
荣誉证书

善琏湖笔厂：

你厂生产的湖笔出口产品，品质优良，于一九八三年在北京《全国出口商品生产基地、专厂建设成果展览会》上展出，受到对外经济贸易部门的赞誉和领导的好评，特发给证书，以资表彰。

中华人民共和国对外经济贸易部

外贸部授予善琏湖笔厂荣誉证书

间的磨炼，并且在很大程度上取决于个人的天赋。事实上在众多学艺者中，只有少数人最终能成为业内公认的能够制作高档毛笔的笔工。这种严酷的优胜劣汰机制，促使历代笔工对技术精益求精，并在代代传承过程中始终贯彻着优选法则，使精湛技艺脉流不断，优秀笔工代有人出，这也就是湖笔能历数百年而保持冠绝天下的重要原因之一。

湖笔行业对制作技术精益求精的要求，从精细的分工中可见一斑。水盆及择笔对各种笔毫的操作原理基本相似，但羊毫与兼毫的水盆、择笔都要分为专门工种，由专门技工担任，绝无混淆。这还不够，在羊毫、兼毫水盆工中，还要细分为“做大货的”、“做小货的”，也就是有专制较大或较小型号毛笔的分工，一般也都由专人从事。兼毫中有“盘头”工序，这一工序实质上就是择笔，个别技艺高超的择笔工也能兼任这一工序，但为了对毛毫优化的更高追求，还是增加了这一工序，并且基本上也设为专门工种。如此精细的分工意味着专业化程度的提高，有利于操作者对专门技术的精深把握。

湖笔制作技术的精深要求甚至体现在很小的细节上，例如对水盆工、择笔工的操作姿势业内都有严格的规定。水盆工操作时要求身体并非是正对水盆作台（正南向），而要略微向西面偏侧，择笔工却正好相反，必须要偏向东侧，据说是为了光线有利的缘故；操作时不能坐椅子，只能坐凳子，并且只能坐在凳子前部的大约三分之一处；水盆工操作时两腿前伸，一只脚的后跟要架在另一只脚的脚背上，而择笔工必须采取架“二郎腿”的姿势；择笔工操作时两上臂要靠拢身体，不能张开，业内要求的形象说法是“在腋下夹一支笔杆能够不掉下来”。这些姿势要求笔工都不能违反，否则将会遭到师傅训斥，在业内会被讥讽为不是正宗的善琏笔工。

### [贰]湖笔制作技艺的主要价值

（1）促进我国书画艺术进步、发展的价值。湖笔制作技艺创造的中华名品湖笔，对中国书画的流变、发展产生了重要的影响，成为我国书写文明的基石之一。历代不少书画大家的艺术成就在一定程度上得益于优良的湖笔。有史记载的如隋代的智永，元代的赵孟頫、钱舜举，明代解缙，清代吴昌硕等书画大家都与湖笔有不解之缘。解缙在所撰《题缚笔帖》中云：“书，文艺尔，非得善笔，羲、献复生无所用其巧。”道出了书法家对善笔的依赖关系，接下去说：“吾寻常欲作佳书，为传后计，非陆颖笔不可。”[1]说明湖笔对解缙

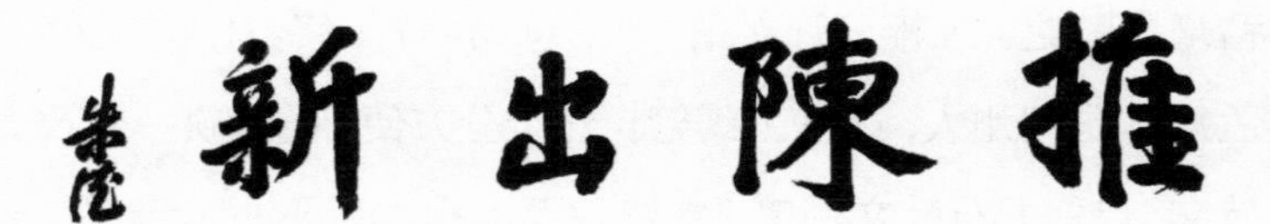


朱德题字（王一品）

[1] 《文毅集》卷四，《四库全书》第1236册。

陈毅题字（王一品）

书法成就的重要影响。赵孟頫对用笔更加讲究，明代李日华在《紫桃轩又缀》中载："赵文敏善用笔，所使笔有宛转如意者，辄剖之，取其精毫别贮之。凡粹三管之精，令工总缚一管，终岁任之无弊。"[1]赵孟頫本是湖州人，请笔工缚管自然十分方便。吴昌硕一生致力于石鼓文，自称书石鼓文用笔"宜恣肆而沉穆，宜圆劲而严峻"，而他所用的主要就是湖州羊毫笔。在1979年吴昌硕诞生一百三十五周年

[1] 《古今图书集成》第一百四十七卷，台湾鼎文书局，1977年初版，第63册。

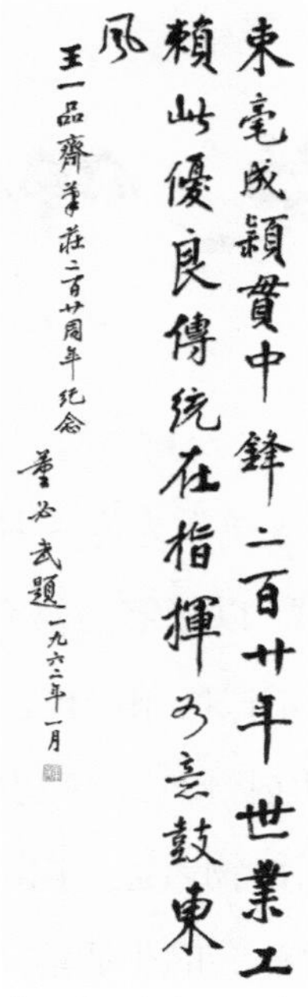

董必武题字（王一品）

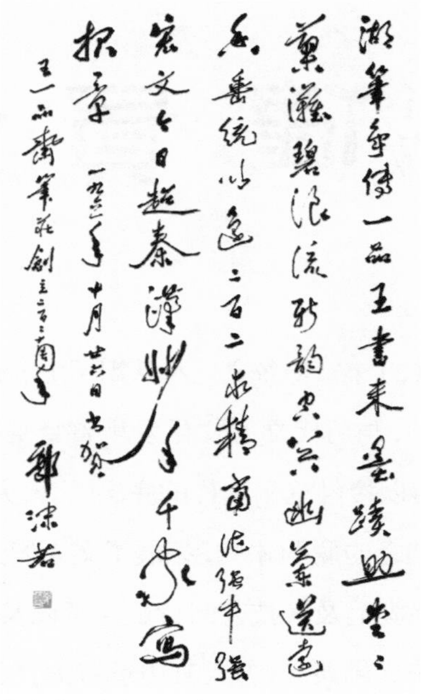

郭沫若题字（王一品）

之际，湖州、杭州相继举办了吴昌硕书画展，同时展出了他曾用过的十六支毛笔，其中四支为狼毫笔、兼毫笔，其余十二支全为纯羊毫笔或宿羊毫湖笔。[1]总之，湖笔制作技艺历元、明两代，在宣笔的基础上获得新的发展，其中突出的成就是羊毫笔制作的兴起和不断完善，改变了过去兔毫笔独唱主角的局面，进一步丰富了中国毛笔的品类和制作技艺，对中国书画艺术风格的多样化发挥了重要的作用。

[1] 参见费在山《笔缘墨趣》，百花文艺出版社，1999年版。

潘天寿题字（王一品）

（2）丰富传统文化和认识历史的价值。湖笔作为传统书画工具的精品，与历代文人文化发生着紧密的关联。以湖笔为媒介，上层文人得以接触笔工这样的底层民众，从精湛的民间制作技艺中认识了劳动者的聪明才智，拓展了文人们的生活视野，由此产生了大量的围绕湖笔及其技艺的诗赋文章以及科技、博物著述，丰富了我国的传统文化典籍，并且其中承载的许多古代社会的生活信息，成为我们进一步研究、认识历史的宝贵资料。从民俗文化的一面来说，湖笔制作技艺的传承过程形成了笔工社会独特的社会习俗。对“笔祖”蒙恬的崇拜习俗，业内的拜师收徒习俗，以及一系列与工艺传承相关的生产、礼仪、岁时习俗等，丰富了传统民俗文化的内容。总之，湖笔及其制作技艺演变发展的过程中，丰富了湖州地域文化乃至江南文化的内涵，并且成为中华民族优秀传统文化的一个重要组成部分。

（3）促进经济社会发展的价值。湖笔原产地的善琏镇，在长达

江郎異夢韓公傳毛穎文房
增重名聞說湖州王一品相承
歷世製尤精
王一品筆莊屬題
一九六二年夏 葉聖陶

筆掃千軍風流此代
湖州王一品斋笔店創業二百二十二週年紀念
蒼生一品譽遍中華
一九六四年元月 老舍

管城子无食肉相毛穎公有横掃才丽廿年艷稱
一品億万載為人民服務 書祝
浙江湖州王一品筆斋創立二百二十週年紀念之喜
一九六一年十月 沈雁冰

沈雁冰题字（王一品）

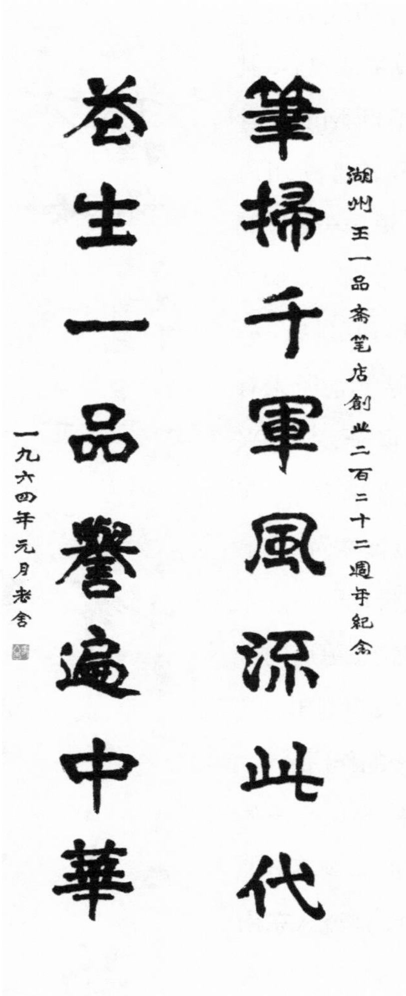

老舍题字（王一品）

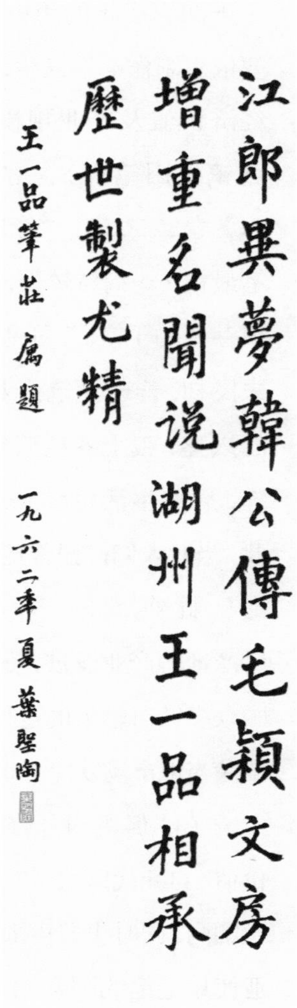

叶圣陶题字（王一品）

一千四百多年的历史中，当地人民主要依靠制作毛笔谋生，湖笔成名后，其经济价值及产业规模不断增长，善琏镇也因笔而兴。清同治《湖州府志》卷二二载：“善琏镇……居民制笔最精……商贾辏聚，庐舍郁兴，烟户现存者约千家。”可见其兴旺景象。清末民初，善琏湖笔产业达到前所未有的兴盛，镇上各色店铺俱全，生意兴隆，居民生活也较一般乡镇宽裕，因此，当时人们曾把善琏镇誉称为“小上海”。此外，湖笔产业还带动了相关原料产地的产业发展，在笔庄、笔店向全国众多城市辐射的过程中，也对丰富、繁荣当地市场发挥了积极的作用。

（4）促进对外经济、文化交流的价值。自元代以来，湖笔的影响不但遍及国内，同时也蜚声海外，并流入东南亚使用毛笔的国家。自1957年开始，善琏湖笔通过国家外贸渠道正式出口，

启功题字

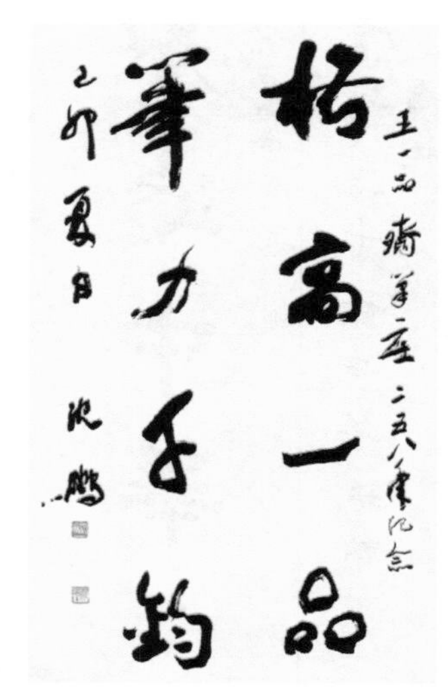

沈鹏题字（王一品）

当时占全国毛笔外销总量的60%左右，主要外销日本和新加坡等东南亚各国及香港地区。现今湖笔仍大量出口，并扩展至美国、加拿大、法国、荷兰、澳大利亚等国家，以供应当地华人为主。新中国成立以来，党和国家领导人出访，多次以湖笔作为国礼赠送外国领导人及国际友人。1979年1月，外交部礼宾司副司长专程来善琏，定制对外礼品湖笔，善琏湖笔厂精制了二百套共一千一百二十八支湖笔，后作为邓颖超赴日本访问时的赠送礼品。1985年，在日本东京“博凤堂”的承办下，善琏湖笔厂曾赴日本进行了为期半个月的湖笔展销活动，产生了良好的影响。此后，日本、韩国等书法代表团曾多次来湖州考察湖笔制作技艺。湖笔向世界弘扬了中华国粹，促进了中外文化的交流，特别是对于凝聚全世界华人、华侨的心，激发他们的民族自豪感和爱国热情具有深远的意义。

程十发赠画（善琏湖笔厂）

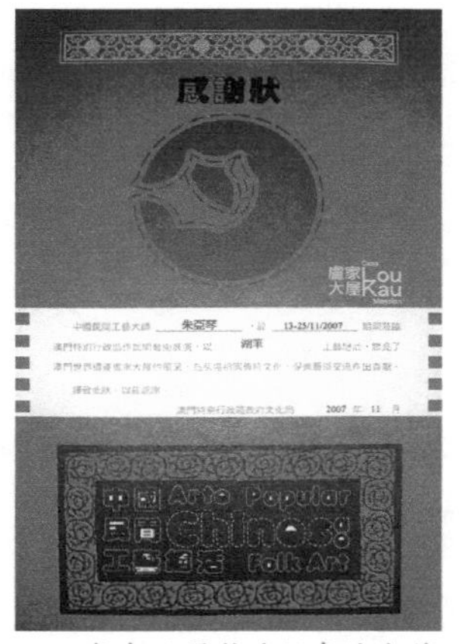

2007年朱亚琴赴澳门表演湖笔刻字所获感谢状（王一品）

# 湖笔相关传说与习俗

善琏笔工视蒙恬为『笔祖』，历来盛行祭祀蒙恬的习俗。明代董斯张《吴兴备志》载：『元冯应科、陆文宝俱善琏人，其乡旧祀蒙恬，至今有蒙家漾、瘗笔冢古迹。』可见当地祭祀蒙恬的习俗最迟在元代已经流行。

# 湖笔相关传说与习俗

## [壹]与湖笔相关的传说

### 1. 蒙恬造笔的传说

秦初年间，湖州的善琏镇叫西堡村，村东南有一座远近闻名的永欣寺，庙中住持和尚法名善真。其为人和他的法名一样善良正直，乐于助人。因此，远近的人都来此庙烧香拜佛，香火不绝。

原蒙公祠蒙恬、卜夫人、太子行身塑像

一天，有一位中年汉子来到庙中。此人生得身材高大，满面黑须，相貌堂堂。他见了善真作揖道："法师，我能否在庙中住宿几天？"法师看他不像本地人，就问道："请问壮士尊姓大名，为何来到此地？"那人一声长叹后说："我叫蒙恬，在朝中带兵，皇上命我到江南收买古玩，我从京都出发，沿途看到许多地方遭受灾害，因此将皇上给我收买古玩的银两分给受灾百姓，现银两都已分光，古玩一件没有买到，无法再回咸阳去见秦始皇，因此只得来此投宿几天再说。"法师得知他就是蒙恬，便说："将军是当今有名大将，却处处为民着想，真是令人佩服。但现在将军成了罪人，是否请将军暂时改名换姓，住在庙中，以避风险。"蒙恬一一应允。就这样，蒙恬就改名换姓住在永欣寺中。

一天，蒙恬来到村西。突然，看见河埠一位姑娘因洗衣掉入河中，他立即跳下水去将姑娘救起。姑娘本是村西一个姓卜的漆匠的独生女儿，叫卜香莲。生得容颜美丽，聪明伶俐，父母视为掌上明珠。香莲父母见女儿落水被救，对蒙恬感激不尽。从此，卜香莲与蒙恬时常来往，两人渐生爱慕之情。

一次，蒙恬去卜香莲家取衣，路上看见一撮山兔毛挂在一根树枝上，便随手折下，心想：我在朝中查阅兵书，记载军情，没有称心如意的笔，何不将山兔毛用来制笔，平时亦可写诗作文。他来到卜家，向香莲要了一根丝线，把山兔毛扎在枝条上，用水调了些锅灰，蘸着锅灰水就在一块白布上写起字来。但是兔毛总是沾不上水，很难写出字来。蒙恬顺手将它搁在窗台上，不小心笔滚落到窗外去了。香莲忙赶出去拾，笔已落在一只石灰缸内。香莲拾起后，将石灰水漂洗干净，又拔下发髻上的铜簪将毛理顺弄直，拿进屋内蘸了些锅灰水来写，想不到这一来兔毛很容易沾水，写起来十分顺手。在旁的蒙恬感到蹊跷，为什么这支笔又好写了呢？还是卜香莲想到了，说："兔毛上原来有油，所以水沾不上去，刚才那支笔落在石灰缸内，兔毛上的油被石灰水消掉了，所以好写了。"蒙恬这才悟出了兔毛经过石灰水浸过能去除油质的道理。

此后，蒙恬和卜香莲将枝条改成竹竿，并从山兔身上取来兔毛，放在石灰水中浸，然后用梳子将毛梳理得直直的，还按簪的样子做成择刀，将无锋的和弯曲的毛择去，使兔毛挺直纯净，并将兔毛笔头纳入竹管中。经过他俩冬去春来的反复试验，总结了一整套制笔的技艺，他们还将制作技艺传授给了村民，从此当地就开始了制笔。

西堡村制笔的消息一传十，十传百，读书人都来这里买笔。消息也传到秦始皇的耳朵里，他立即派人查访。发现了蒙恬并捉拿回京问罪。由于蒙恬造笔有功，秦始皇宽恕了他，而且还赏了很多银两，让蒙恬办起了制笔作坊。

后来，蒙恬因终日辛劳，早早去世了，卜香莲十分悲痛。西堡

蒙公祠旧址

新建的蒙公祠（外门）

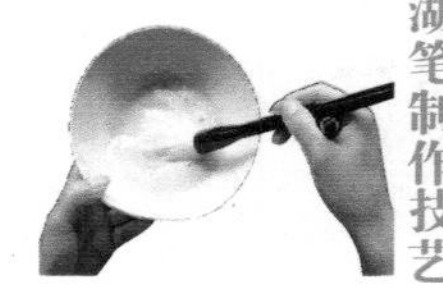

村的村民为了纪念他，捐钱在永欣寺旁造了一个祠堂，取名“蒙公祠”，还照蒙恬的样子塑造了一个坐像。完工前夕，全村老小都来参加塑像的“合灵心”仪式。所谓合灵心，就是把塑像的头装在塑像的身上。然而，在合灵心时，头和身却怎么弄也合不正。这时，突然，一位姑娘昏倒在地。大家一看，正是卜香莲，慌忙把她扶起，香莲却已经咽气了。据说，蒙恬和香莲生前是情侣，死了也要结为夫妻，香莲的灵魂钻到塑像的心里去了。

后来，笔工们又按香莲的模样塑成立像，放在蒙恬边上，称为蒙恬夫人。大家还怀着良好的心愿，在他们身边塑了两个孩子，取名“停停”和“搭搭”，当地方言的意思就是“停一停”、“歇一歇”，其中寓意笔工们做笔的时候要有耐心，做工要讲究精细，不能操之过急。因为蒙恬是一位武将，笔工们又自愿捐钱用锡制成刀枪、弓箭等各种兵器放入祠内。据说蒙恬和香莲的生日分别是三月十六和九月十六，从此每年这两个日子，笔工们都要举行隆重的祭祀仪式，要将两人的塑像抬出来巡游，以纪念这两位制笔的先祖。人们还将西堡改为蒙溪，以“蒙笔生花”、“恬文抒怀”、“蒙氏羊毫”、“香水”、“香块”作为笔的品名，一直沿用至今。

**2. 王一品斋笔庄的传说**

湖州有一家全国闻名的“王一品斋笔庄”。为什么叫“王一品”呢？

新塑蒙恬像

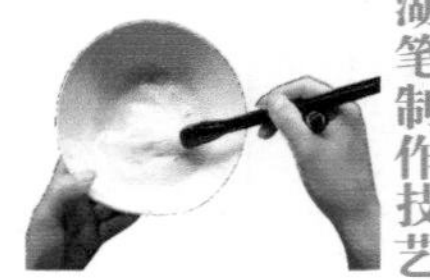

清朝乾隆年间，湖州城里有个姓王的笔工，技艺超群。他亲手制造的笔，七十多道工序，道道到门，锋颖特好，真正具备了“尖、齐、圆、健”四大特点。他平时在湖州城里边做边卖，并积下一批得意的上品之笔，待到大比之年，便跟随考生长途跋涉，前往京城，向考生推荐他自制的湖笔。一连去了几次，湖笔也渐渐有了好名声。

有一年，有位考生在临考前一天，对自己的毛笔不满意，不觉仰天长叹一声，说道：“天下之大，一笔难求！”

王师傅上前作揖道：“远在天边，近在眼前！”说着从肩上褡裢里取出一支乳玉色笔杆的毛笔，那考生接过此笔，摘下笔帽，仔细一看，失声叫道：“天赐良器，一笔上品！”立即愿出重金购买。

那考生得此妙笔，心花怒放，考试时文思泉涌，写出了极好的文章，最后经过殿试，竟然金榜夺魁，中了状元。

消息传遍了京城，已中未中的考生以及书画名家、达官贵人，纷纷用重金争购王师傅的笔，并称他的笔为“一品笔”。王师傅也被唤作“王一品”，他的真名，倒反被人家遗忘了。

王师傅回到家乡后，于乾隆六年在湖州开了一爿笔庄，这就是“王一品斋笔庄”的祖店，传至如今已有二百五十多年的历史了。

## [贰]与湖笔相关的主要习俗

### 1. 祭祀“笔祖”习俗

旧时善琏建有蒙公祠，当地人也称为“蒙头堂”。蒙公祠大约建于清代初期，祠中供奉着蒙恬及夫人卜香莲的塑像，还立有据称是他们孩子的两尊塑像，笔工们尊称为“太子”，并为他们取名叫“停停”与“搭搭”。祭祀“笔祖”的庙会活动每年要举行两次，时间是农历三月十六日与九月十六日，即蒙恬及蒙恬夫人的生日。庙会活动的主要内容有以下几项：

一是打唱娱神，就是请了和尚打唱班子，进行奏乐和唱曲。打唱一般从前一日（十五日）开始，在蒙公祠内进行。演奏《将军令》等

祭“笔祖”（抬出神像）

民间器乐曲，唱宣赞等曲词。

二是做戏娱神。从十五日下午开始，庙里要做（演）三天戏，实际上历时十五、十六日两天，称为“两日三开台”。每天下午及晚上都做戏，一般白天做六出戏，由于戏较短，收场较早（约下午四时许），所以称为“早六出”；晚上做三出戏。现在可知的民国时期的演出全都是京剧折子戏，做戏前按例要“跳加官”。镇上有钱的人家会事先送上红包，“跳加官”就会增加，演员展开的祈福条幅上就会出现送红包老板的名字，主要就是图个吉利。演戏的班子主要延请杭嘉湖地区的京剧水路班子，如“龙凤舞台”、“大国民舞台”等，其中不乏江南京剧的名角，如著名武生小毛豹、小小毛豹（陈和生）都来善琏演出过。当时蒙公祠内外各有一座舞台，庙会做戏一般在祠外舞台上。舞台建在水边，临时在水上搭建一个大的看台，上看台看戏需要出钱，不出钱的就在岸上侧面或水面的船只上看戏。其时水面、岸上观者如堵，热闹非凡。

三是抬菩萨巡游，这是祭祀“笔祖”最主要、最大规模的活动。旧时蒙公祠内固定的神像称为“座身”，除此之外，另塑有可供移动的诸神像，称为“行身”，也就是供抬菩萨巡游之用。从十六日早上开始，笔工们将蒙恬、蒙恬夫人及“太子”的“行身”神像分别安坐在三顶“轿子”上，所谓“轿子”就是在椅子下插上抬杠，然后抬出巡游。巡游队伍浩浩荡荡，气势壮观：前面有两人扛的横锣开道；接着是持十八般兵器的仪仗队，由于其阵势如同帝王出巡仪仗，故民间称之为“全副銮驾”；其后是放铳队，放铳队有近百人，行进间不断地点药放铳，声响震天，动人心魄；后面是高举各类彩旗、伞帐的旗帐队以及锣鼓队；最后面是抬神像的轿子队，每顶轿子配有八名轿夫，四人一班进行轮换。巡游队伍从蒙公祠出发，环绕全镇一周后返回蒙公祠。全镇及四乡的人都蜂拥前来观看，场面宏大而热烈，祭祀“笔祖”的活动达到了最高潮。

祭“笔祖”的庙会

除了有组织的祭神、娱神活动外，这一天笔工们都要到蒙公祠烧香祭拜。笔工家庭也都点起香烛，摆上供品祭拜，吃生日面。作坊老板的家中一般还挂有蒙恬、夫人、“太子”的画像。总之，在善琏笔工社会中，“笔祖”崇拜成为最重要、最普及的民间信仰。抗战时期蒙公祠被日伪军所毁，庙会活动被迫停止，但民间祭祀活动仍在采取各种方式进行。如避难于上海、苏州等地的笔工，在蒙公及夫人的生日这一天往往聚餐，称为“吃蒙恬酒”，以这样的方式纪念“笔祖”。

**2. 拜师收徒习俗**

湖笔制作对技艺的要求很高，笔工的生存状态极大地依赖于手中的技艺，长期以来在行业内形成了极度崇尚技艺的传统。因此，在拜师收徒上也就形成了一整套严格的制度。

首先，旧时收徒非善琏人不收，这种习俗固然有维护本土行业利益的意味，但更重要的是有利于对技艺传承的控制，确保技艺传承的优选原则，避免技艺退化。其次，学徒拜师有一套严格的程序。学艺者首先要有业内人士介绍，师傅同意收徒后，要举行正式的拜师仪式。学徒由介绍人陪同到师傅家，送上谢师的礼品。礼品至少两样，如两只猪蹄、两条鱼，条件好的送四样，如加上酒、糕点等。其中一半礼品属答谢介绍人的，由师傅转送介绍人。学徒还要随带红毡毯一块、香烛一副，到师傅家将香烛点起，将红毡毯铺在地上，学生在红毡毯上向面南而坐的师傅及师娘（当地又称阿婶）各磕三个头。同时要签订“关书”，也就是拜师契约，内容主要是对学徒行为的规定，其中有“失足落水，听天由命”之类的条款，意思是学徒在师傅家期间，发生生死事故与师傅无关。举行拜师仪式后，学徒就正式在师傅家开始学艺。学艺期限一般为三年，第四年还需在师傅家做“半作”，俗称“三年徒弟，四年半作”。其间不允许提前离开师傅，不允许中途另行跟别的师傅学艺。如果学徒由于某种原因要提前离开或另择师傅，要经过原来师傅的同意，并且要作出赔偿，一般提前一年离开要赔偿一石米。学徒学艺满三年后，如师傅或自己认为技术还不过关，还需要继续学艺，有的是另外再拜一个师傅，不少笔工就是从师六年以上才得以独立从业，这种情形笔工们称之为“超手段”。如此严格的拜师学艺制度，对湖笔制作技艺的代代相传、精益求精起到了坚实的保障作用。

**3. 生产、经营习俗**

传统的湖笔生产方式主要有两种形态，一是作坊式生产，二是个体分工协作的生产。湖笔的生产作坊当地称为“作场”，作场的老板一般就是有较高技艺、较有声望的笔工，并以择笔工为主。老板通过招募各工种笔工，以及自己所收的徒弟组成作场。生产的产品由老板向各地笔庄直接销售，或者经由笔商向外地销售。个体分工协作的生产，是指部分笔工不加入作场，在家里制作湖笔。由于湖笔生产必须由多个工种完成，个体笔工只承担自己胜任的工序操作，因此形成了社会性的工序流水线，这种流水线的掌控一般系于笔商，也就是笔商将特定产品的生产分包给各工种的个体笔工。另一种情况是，其中有的笔工担任最终产品或者中间半成品的包工者，向其他笔工分包，或者收购他们制作的半成品，最终产品向笔商或者消费者销售。湖笔制作的原料由专门的笔料行、笔管行采购和分拣加工，供应给各作场或个体笔工，旧时笔料工、蒲墩工都是在这些商行中从业。

湖笔的传统营销方式，主要是由专门的笔店、笔庄销售，其次也有个体的笔商或个体笔工直接向消费者销售。笔店、笔庄以从事毛笔产品的收购、销售为主，同时，一般也设有制作作坊。这种作坊一般只从事部分工序的操作，如择笔、刻字，有的还设有水盆、装套等，通过收购半成品，最后加工成最终产品。笔店设作坊的重要起因是需要对收购的产品进行检验，这种检验只能由熟练的笔工担任，发现不符合质量要求的产品，或者退货，或者就由店里的笔工加工修整，于是就有了作坊的设置。由于这样的原因，所以湖笔笔店的创始老板本身都是有较好技艺的善琏笔工，这种机制有利于保证湖笔产品的质量，维护湖笔店的品牌声誉。

湖笔的个体笔商一般也具有笔工的双重身份，真正专业的经销商较少。这些较善于经销的笔工最早都是直接把笔销售给消费者，古代著名笔工与文人、书画家甚至宫廷的交往就是通过这样的环节产生的。他们能在向文人、书画家售笔的过程中，根据使用者的需要对笔的制作进行改进。如清代笔工王兴源对客户“试之而善”的笔再“修笔以称之”的故事，就是一个明显的例证。

善琏地处江南水乡，旧时对外交通全凭水路，善琏湖笔的对外经销也全部依靠水路运输。古代善琏有专门运销湖笔的船只，称为“笔船”，又称为“笔舫”。清同治《湖州府志》卷三三《物产下》引郑元庆《湖录》：“吴匏庵题解学士《笔舫铭》，略云：吴兴张文宝在国初业擅制笔，因名其船曰‘笔舫’，当时士大夫多为诗文遗之，而学士解公缙特为作铭。笔船由来旧矣，至于今相沿弗绝也。”可见“笔舫”自明初就已出现，以后一直沿用。善琏的“笔舫”形制不大，类似于当地普通的农船，系用人工摇橹运行。由于京城用笔量大，商机可观，因此“笔舫”常不远千里沿京杭大运河直达北京。明代李诩在《戒庵漫笔》中提到吴兴笔工施阿牛造笔进御、明孝宗为其改名为施文用的逸事，这种进御的笔可能就是用“笔舫”运至京城的。

**4. 民间俗谚**

善琏笔工社会流传着三则最普遍的民间俗谚，真实而形象地反映了旧时笔工们的生产、生活情状。

一是“只知笔头朝上，不知笔头朝下”。“笔头朝上”指称制笔，

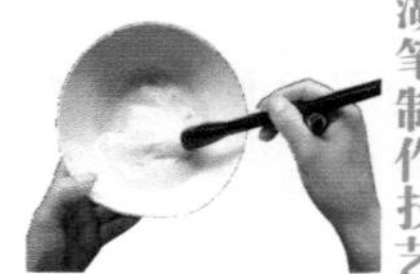

因为水盆、择笔等主要制笔工序操作时总是笔头向上的，“笔头朝下”指称写字，总的意思是笔工们历来都只会制笔而不会写字，也就是缺少文化，表达出旧时笔工没有上学读书机会而基本上都是文盲的情况。

二是“笔空头”，系笔工们对自己的一种自嘲，意思是制笔工人看似掌握着不同寻常的技艺，很不简单，但实际上终年辛苦而所得甚少，与一般无技术的劳动收入无异。就像是毛笔，看上去很精致、

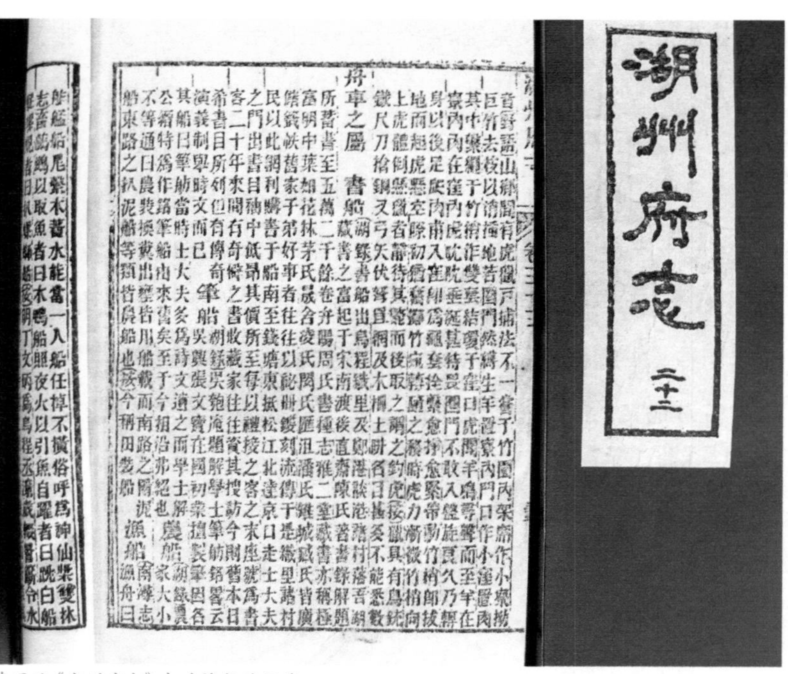


清同治《湖州府志》中对笔船的记载

漂亮，但笔管中却是“空”的，表明了旧时笔工普遍都很贫穷。

三是“腊肉骨头”，这是笔工们对自己所从事的制笔行业的自嘲，意思是制笔行业看上去很风光，生意也不错，但就像闻起来很香而啃起来无肉的“腊肉骨头”，利润很薄，收益很低，说明传统湖笔制作历来属于微利行业。

笔舫（模型，藏于中国湖笔博物馆）

湖州

# 湖笔制作的历代笔工

精湛的湖笔制作技艺是由一代代制笔能工巧匠所创造、传承的。这是一个庞大的群体，但由于旧时代制笔工匠地位低下，难以名见史志，因此绝大多数都湮没无闻，只有极少数佼佼者，因笔之缘而得以结交擅好书画的文人名士，而在文人名士的诗词文章中有所提及，他们才得以传世。

# 湖笔制作的历代笔工

## [壹]古代著名笔工

精湛的湖笔制作技艺是由一代代制笔能工巧匠所创造、传承的。这是一个庞大的群体，但由于旧时代制笔工匠地位低下，难以名见史志，因此绝大多数都湮没无闻，只有极少数佼佼者，因笔之缘而得以结交擅好书画的文人名士，而在文人名士的诗词文章中有所提及，他们才得以传世。

宋末元初，湖笔取代宣笔的地位而迅速崛起，湖笔受到书画名家及文人士大夫们的激赏，一批著名笔工也成了他们笔下时常提及的人物。主要有冯应科、陆颖、陆文宝、陆文俊、沈均实、吴升、姚恺、陆震、杨鼎、沈日新、杨均显、沈生、温生等。

目前见诸文字记载最早的湖州笔工，是宋末元初时的冯应科。元代仇远所著《金渊集》中有《赠溧水杨老诗》："浙间笔工麻粟多，精艺惟数冯应科。"[1]稍晚于仇远的官至翰林侍讲学士的袁桷，在所著《清容居士集》中对冯笔加以赞赏："咸淳间湖州笔工冯生，

[1] 清梁同书《笔史》，载《丛书集成初编·笔史》，中华书局，1985年北京新一版。

制笔得绝法。圆不至软媚，劲不至峭直，一笔可作万字。”[1]明弘治《湖州府志》卷二〇《人物·技术》载：“冯应科，归安人，善制笔，妙绝天下，时人称赵子昂字、钱舜举画、冯应科笔为吴兴三绝。”[2]一名笔工与上层书画名人相提并论，可见其技艺之精、名望之高。

元代的陆颖，见元末明初湖州人沈梦麟《赠笔生陆文俊》诗：“吴兴阁老松雪翁，书法直与钟王同，当时笔家争效技，陆颖一出超群工。”[3]明成化《湖州府志》卷八：“笔，出归安县东南善琏村，昔有冯应宝、陆颖皆善制笔。”明万历《吴兴备志》卷二六：“笔工之良者莫如吴兴，在元有陆颖，……赵子昂精于书法，其所用笔皆出自颖。”可以看出，陆颖当时几与冯应科齐名，并且与湖州大书法家赵孟頫关系甚密，通过提供优良的湖笔，对赵的书画成就不无积极的作用。

元末明初的陆文宝，与冯应科齐名，也是典籍史志中提到最多的湖笔著名笔工之一。明初解缙的《笔妙轩》云：“管城子……近代喜称陆文宝，如锥如凿还如椽。善书不择新与故，一锋杀尽中山兔。……闻君制作非寻常，尖齐圆健良有方。当窗特书风雨作，临池点染烟云香。百体书中尽神妙，金雀虎爪生辉耀。悬针垂露更清新，不作

[1] 《清容居士集》卷四五《赠番易笔工童生》，《四库全书》，上海古籍出版社，1987年版，第1203册。

[2] 《四库全书存目丛书》，史部第179册。

[3] 《花溪集》卷二，《四库全书》，上海古籍出版社，1987年版，第1221册。

拙工使人诮。”[1]这首诗高度赞扬了陆文宝笔的不同寻常，同时也是给予湖笔“尖、齐、圆、健”“四德”皆备评价的最早记述。其后明代曾棨有《赠笔工陆继翁诗》，首先褒扬其父：“吴兴笔工陆文宝，制作不与常人同。自然入手造神妙，所以举世称良工。”[2]陆文宝在文人士大夫之间交游甚广，在当时颇有名望。明代陆树声撰《清暑笔谈》中说：“国初吴兴笔工陆文宝，蕴藉喜交名士，杨铁老为著《颖命》。”[3]杨铁老即元代著名诗人、书法家杨维桢，号铁崖，其专为陆文宝著文，可见陆确实非同寻常。

陆文俊，见元末明初陆居仁《苕之水》诗：“……（制笔）苕东此艺比屋攻，几人如俊称良工。”其诗手书帖后有陈朴题字：“吴兴陆氏以制笔闻天下，……今观文俊，卷中诸公称美，若出一口，可谓以艺获誉，为陆氏之脱颖者矣。”[4]可能与陆文宝为同一家族的笔工。

沈君实，见元代著名道士张雨《赠笔生沈君实》诗：“玉堂弄翰青钱选，闻道吴兴屡出奇。何事君家苔藓壁，醉仙留句只榴皮。”[5]吴升、姚恺、陆震、杨鼎同见于上文所引仇远撰《赠溧水杨老诗》：“浙间笔工麻粟多，精艺惟数冯应科。吴升、姚恺已难得，陆震、杨

[1] 《文毅集》卷四，《四库全书》第1236册。

[2][3] 《古今图书集成》第一百四十七卷，台湾鼎文书局，1977年初版。

[4] 藏故宫博物院，见该院网站影件。

[5] 张雨著《句曲外史集补遗》卷上，《四库全书》第1216册。

鼎相肩摩。”说明四人技艺几可比肩冯应科。

沈日新，见元代郑元佑《赠笔工沈日新》诗：“……东老之家酒熟未，其孙犹以缚笔闻。公家兄弟不负笔，我辈颓之天且嗔。……”[1]其中的“东老”指湖州东林人宋尚书沈思，“其孙”当虚指沈日新是“沈家的后代”，并不一定就是沈东老的孙子。

杨均显，万历《吴兴备志》卷二六载：“元季吴兴有杨均显者，善制笔。张光弼有诗赠之。”张光弼为元末明初人，有《赠湖州杨均显制笔》诗：“当年冯陆擅吴兴，鲁许杨生寄盛名。三馆每蒙诸老重，万钧不博一毫轻。……颖也此诗须自荐，国家用尔颂升平。”[2]

沈生、温生，其名不为人知，元初诗人黄玠分别有诗赠与他们，其一《赠制笔沈生》：“君不闻朔上贵人执笏思，对事仓卒墨丸磨盾鼻。何曾望见皴与皵，马上柳条能作字。后来雪庵松雪俱善书，始爱都人张生黄鼠须。安知沈郎晚出笔更好，犹及馆阁供欧虞。拔奇取俊锋锷见，双兔健似生於菟。用之不啻杖手拄，颠倒纵横随所如。”其二《赠缚笔温生》：“温生之笔手自缚，千金善价何凿凿。百狐不如得一兔，可敌人间万羊鞟。剪剔霜毫取脊尻，毛颖有传非苟作。纵横出入腕若飞，健甚乌骓战京索。频年万里献玉堂，名与欧虞俱烜

[1] 郑元佑著《侨吴集》，《四库全书》第1216册。

[2] 《张光弼诗集》卷七，《四部丛刊》，上海书店出版社，1985年4月版，第72册。

赫。应从马上问葛强，谁重并刀轻鲁削。”[1]黄玠本浙江四明人，曾在湖州近郊弁山隐居数十年，故自称“弁山小隐”，两诗对温生、沈生制笔夸赞有加。

明代著名笔工主要有陆继翁、王孟安、施文用、王古用、张天锡、黄文用等。

陆继翁，元末明初著名笔工陆文宝之子。明曾棨《赠笔工陆继翁诗》中，开头褒扬其父，而后道：“惜哉文宝久已死，尚有家法传继翁。我时得之一挥洒，落纸欲挫词场锋。枣心兰蕊动光彩，栗尾鸡距争奇雄。”诗中“兰蕊”一词，较早已见于张枢对陆居仁《苕之水》诗的题诗：“玉堂兰蕊清且臞……”当为对笔头形状的形容，以后成为湖州传统羊毫笔一个著名品种的名称，其来源也许就在此。

王孟安，明永乐年间湖笔笔工，明曾棨有《赠王孟安词》，词中对王孟安所制笔竭尽夸赞，词后自题：“右苏武慢词一阕， 为吴兴王孟安作。盖孟安工制笔，能造其妙。予平生用之，无不如意，故作此词，以赞美之。”该词及题款有曾棨手书墨迹传世，现藏故宫博物院。

施文用，原名“施阿牛”，他的名字更改涉及皇帝的逸事。《笔史》引明代李诩撰《戒庵漫笔》：“宏治时，吴兴笔工造笔进御，有细

[1] 黄玠著《弁山小隐吟录》，《元诗选补遗》，中华书局，2002年10月第1版。释：“毚”为狡兔，“䨲”为小兔，泛指兔。

刻小标记云‘笔匠施阿牛’。孝宗鄙其名，易之曰‘施文用’。”[1]

王古用、张天锡，散见或并称于各种志乘典籍。明屠隆《考槃余事》：“国朝有陆继翁、王古用，皆湖人，住金陵……吴兴有张天锡，惜乎近俱失传其妙。大抵海内笔工，皆不若湖之得法。”又云：“杭笔不如湖笔得法，湖笔又以张天锡为最，惜乎近无传其妙者。”[2]明弘治《湖州府志》卷八载：“笔，出归安县东南善琏村。昔有冯应科、陆颖，皆善制笔。近时，王古用所制亦妙。”[3]

黄文用，明代官至福建参政的王宇泰所著《笔尘》中说：“今天下业笔者，惟吴兴第一，吴兴又以黄文用为第一。”[4]

清代笔工见著史籍的较少，主要有王兴源、曹觐王、沈集元等。

王兴源，见《笔志》引清代包世臣《艺舟双楫·记两笔工语》载：“王兴源者，归安善琏镇人，估笔扬州兴教寺，甚困。扬市羊毫无佳者。嘉庆丙寅春，兴源介友人进其笔试之而善，兴源欲将去再修，谓此笔固已无弊，然见君指势，修笔以称之，当益工，已而信然。”[5]这段记载真切地反映出湖州笔工对制笔精益求精的态度，人家“试之而善”认为“固已无弊”的笔，还要根据其人用笔的手势再加以改

[1] 清梁同书《笔史》，载《丛书集成初编·笔史》，中华书局，1985年北京新一版。

[2] 《古今图书集成》第一百四十七卷，台湾鼎文书局，1977年初版。

[3] 《四库全书存目丛书》，史部第179册。

[4] 明董斯张《吴兴备志》卷二六。

[5] 胡韫玉《笔志·附笔工传》，《朴学斋丛刊》卷四，民国十二年（1923年）安吴胡氏刊本。

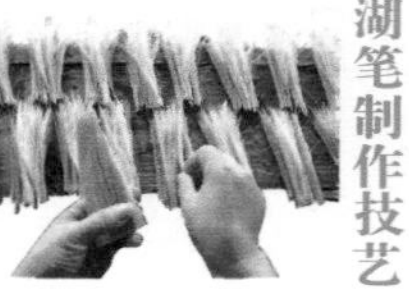

王一品斋老笔工张松清（已故，羊毫择笔）

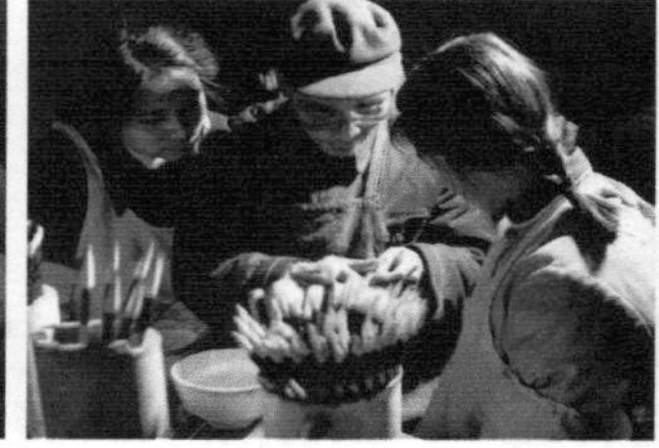

王一品斋老笔工费伟（中，已故，兼毫样笔工）及其徒弟程瑞美（左）、杜佩华（右）

杨卓民（已故，羊毫择笔工）

卜瑞生（已故，择笔工）

沈锦轩（已故，羊毫择笔工）

陈宝金（陈爱珠之母，已故，兼毫水盆工）的退休证

李梅珍（已故，羊毫水盆工）

顾贵发（已故，结头工）

翁林海（已故，刻字工）

进，直至完美。

曹觐王、沈集元，《笔志》引清代汪曰桢《湖雅》：“前代笔工著名者元之冯应科、陆文宝外又有杨均显，……国朝有曹觐王、沈集元亦著名。”[1]

---

[1] 胡韫玉《笔志·附笔工传》，《朴学斋丛刊》卷四，民国十二年（1923年）安吴胡氏刊本。

清代起部分善琏笔工赴全国各地开设笔庄，他们基本上也都具备较高的制笔技艺，为湖州笔工中的佼佼者。

## [贰]近现代代表性笔工

古代著名笔工见载于史书、典籍的，基本上以择笔工为代表，有的因兼搞经营而为文人熟识，其他工序的笔工则难以知名。需要指出的是，由于湖笔择笔工以男性为主，加以旧时代轻视妇女，因此在历史典籍的记载上从来没有提到过女性笔工。然而湖笔的关键技术工种之一的水盆工，其实历来都由女工担任，在笔料工序上也是全由妇女操作，同治《湖州府志》对此有所记载："善琏人多以笔为业，春前选毫俱妇女为之。"[1]因此，在湖笔制作技艺成名的历史进程中，女性笔工同样发挥了举足轻重的作用。

民国以降，笔工已难见于文字记载，但至今笔工传承不过四代左右，现有代表性笔工与前辈师傅传承关系尚存记忆。现将目前在世的部分代表性笔工简介如下，通过师承情况也对老一辈笔工略作述介。

邱昌明（羊毫择笔）

邱昌明，男，生于1950年10月，现任善琏湖笔厂厂长，兼任中国文房四宝协会副会长。1966年2月进厂，师从姚关清学习羊毫择

[1] 伍载乔《霅溪棹歌注》，卷三三《物产下》。

笔技艺，后专门从事高档及大货羊毫择笔工作，获“湖州市工艺美术大师”称号及工艺美术师职称。2007年被选为首批国家级非物质文化遗产项目湖笔制作技艺代表性传承人。先后授徒八名。

沈锦华，男，1933年12月生，羊毫择笔工。十四岁起进其舅舅钱连忠设在苏州的作坊，拜钱为师学习高档羊毫笔择笔技艺。1956年4月进善琏湖笔厂，一直系技术骨干，曾任择笔车间副主任兼质量检验员。先后带徒姚新兴、吴海良、杨松源、姚建英、陈金妹等。1993年退休。

沈锦华（羊毫择笔）

张海生（兼毫择笔）

吴尧臣（兼毫、羊毫择笔）

张海生，男，1937年6月生，兼毫择笔工。十二岁起拜杨永泉为师，在其作坊学习技艺。三年满师后，又以“超手段”方式再拜邵凤林为师，继续深造。后来进湖笔厂成为当时年轻一代的优秀技术骨干，曾任副厂长兼质量管理科科长。1997年退休，仍在为厂里及社会上发挥其技术专长。

吴尧臣，男，生于1918年10月。十四岁起就在善琏著名笔作坊杨联清（又名杨阿七）家学习兼毫择笔，学艺时间长达六年。抗日战争时避乱于上海，先后“坐店”（从事验笔、修笔）于周虎臣、胡开文等笔店。新中国成立之初回善琏，1956年与其妻、著名兼毫水盆工吴学君一起进善琏湖笔厂。经过长期实践、刻苦钻研，他同时掌握了羊毫择笔技艺，是为数极少的能兼双重技艺的技工。先后带徒沈伟忠、罗松泉、王国良等，其中沈、罗二人后皆成为技术骨干。1978年退休。

陈永林，男，生于1917年7月，兼毫择笔工。十八岁拜杨联清为师，系吴尧臣的师弟。两年后抗日战争爆发，避战乱至苏州，不久后回善琏。由于学艺未满，又从许森和学艺三年，此后与妻子陈爱珠开设作场。新中国成立后，参加了湖笔同业公会与联销处，1956年与妻子一起进湖笔厂。1985年退休。

陈永林（兼毫择笔）

赵圣男，女，1924年10月生，兼毫择笔工。十二岁拜陆瑞林为师学艺。陆瑞林为一代名师，是当时同行中唯一的“黑、白、兼、削”[1]笔兼能择的全能技师。赵圣男学成后一直于作坊制笔，1956

赵圣男（兼毫择笔）

[1] “黑、白、兼、削”分别指“紫毫、羊毫、兔毫、削紫兼毫”，其中“削紫兼毫”是一种工艺较特殊的笔，制作技术要求较高，能制者很少，至今已基本无人继承。

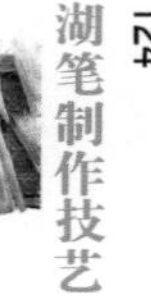

杨芝英（羊毫水盆）

陈爱珠（兼毫水盆）

年进湖笔厂，曾带徒两名。1980年退休。

姚阿毛，女，1940年10 月生，羊毫水盆工。十三岁起在苏州阿福笔作坊学艺，三年满师后回善琏。进湖笔厂后曾担任水盆车间检验及“搭料”[1]工作，先后带徒两名。1990年退休。

杨芝英，女，1939年7月出生，羊毫水盆工。从小跟其母亲、著名技工冯永梅学艺，满师后与其母一起进湖笔厂，曾任水盆车间副主任。1991年退休。

陈爱珠，女，生于1923年，兼毫水盆工，系陈永林的妻子。从小跟母亲陈宝金学习制笔。陈宝金技艺出色，陈爱珠也颇具天赋，以后成为业内公认的制笔高手，与丈夫共同开设作坊，所制笔销售于上海、苏州等地笔庄，很受客商欢迎。进湖笔厂后一直系技术骨干，于1985年退休。

王晓华，女，1965年11月生，兼毫水盆工。1981年进善琏湖笔厂，师从刘亚芬。由于她本人刻苦学习，较全面地掌握了传统技艺，为目

---

[1] 搭料是指制笔单位中专门负责将各种笔料毛按制笔品种要求进行配比，分送给笔工进行制作的工作。一般由水盆技术较好者担任，在湖笔厂一般由水盆车间主任、副主任兼任这一工作。

前中、青年一代兼毫水盆技工的佼佼者。曾被评为浙江省“百行百星”之一、中国·湖州湖笔文化节“十大名师”之一，荣获湖州市总工会授予的“科技带头人”称号。现任善琏湖笔厂兼毫水盆车间副主任。

王晓华（兼毫水盆）

孙文英，女，生于1942年9月，从小随其母、著名笔工孙松莲学习兼毫水盆技艺。1956年进湖笔厂，曾任水盆车间副主任。1992年退休。

邢桂花（装套）

邢桂花，男，生于1931年11月，装套工。十五岁始学艺，以姚伯荣为师。1956年进湖笔厂，曾带徒三名。1985年退休。

冯克林，男，1933年出生，装套工。十六岁起拜朱阿春为师学艺，1956年进湖笔厂，曾带徒三名。其中徒弟张锦康又带出一名徒弟来雪林。1987年退休。

翁其昌（刻字）

茅美芳（刻字）

朱亚琴（羊毫择笔工，王一品斋笔庄）

张锦生，男，1952年8月生，刻字工。1968年7月进善琏湖笔厂，拜著名刻字工徐兰亭为师。技艺水平较突出，曾多次参加操作技术比赛并获奖。传授的徒弟有孙育良，后孙育良又带出了徒弟茅美芳。现在职。

翁其昌，男，1957年3月生，刻字工。1974年进善琏湖笔厂，现在职。其刻字技艺是由其父亲、著名刻字技工翁林海传授的。技艺水平较突出，被评为“湖州市民间工艺美术大师”，先后授徒有十多人。

茅美芳，女，1964年11月生，刻字工。1984年12月进善琏湖笔厂，现在职。师承孙育良。1999年曾赴北京参加“全国农村妇女‘双优双比’十年成果展”现场操作表演。

朱亚琴，女，1953年9月生，善琏人，系善琏老笔工沈锦华之女。1970年8月进善琏湖笔二厂，师从毛冬女学习羊毫择笔技艺，同时得到其父的指导。1979年进王一品斋

刘玉成（装套工，王一品斋笔庄）

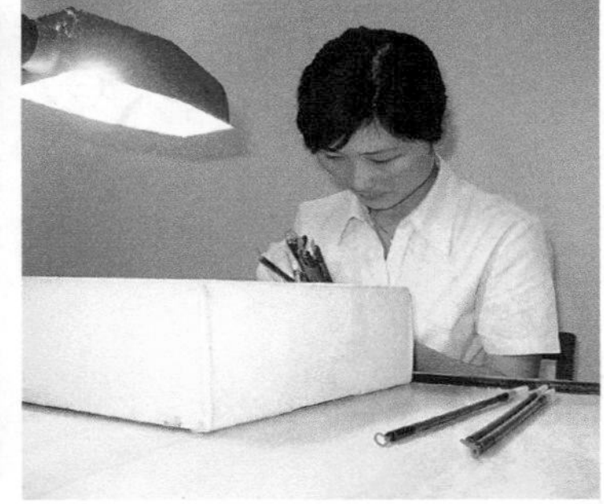
褚国英（刻字工，王一品斋笔庄）

笔庄。由她制作的“特制元白锋麻毛笔”、“纯羊毫博古策笔”分获1994年第五届亚太国际博览会金、银奖。1995年，浙江电视台摄制了《情系热土》专题片，褒扬她精湛的制笔技术和业绩。2003年获“湖州市民间工艺美术大师”称号，2005年取得中级工艺美术师职称。

张巧娣，女，1957年12月生，羊毫水盆工。1978年11月进王一品斋笔庄，师从周素珍学艺，现已退休。

刘玉城，男，1955年3月生，装套工。1979年8月进王一品斋笔庄，师从高金宝学艺。

褚国英，女，1974年7月生，1993年1月进王一品斋笔庄，师从娄建琴学习刻字技艺。2004年3月，参加湖州市工艺美术学会举办的湖笔行业操作比赛，荣获刻字组优秀奖，获“湖州市技术能手”称号，同年又获湖州地区湖笔刻字比赛第一名。2005年取得助理工艺美术师职称，2006年获“优秀工艺美术工作者”称号。

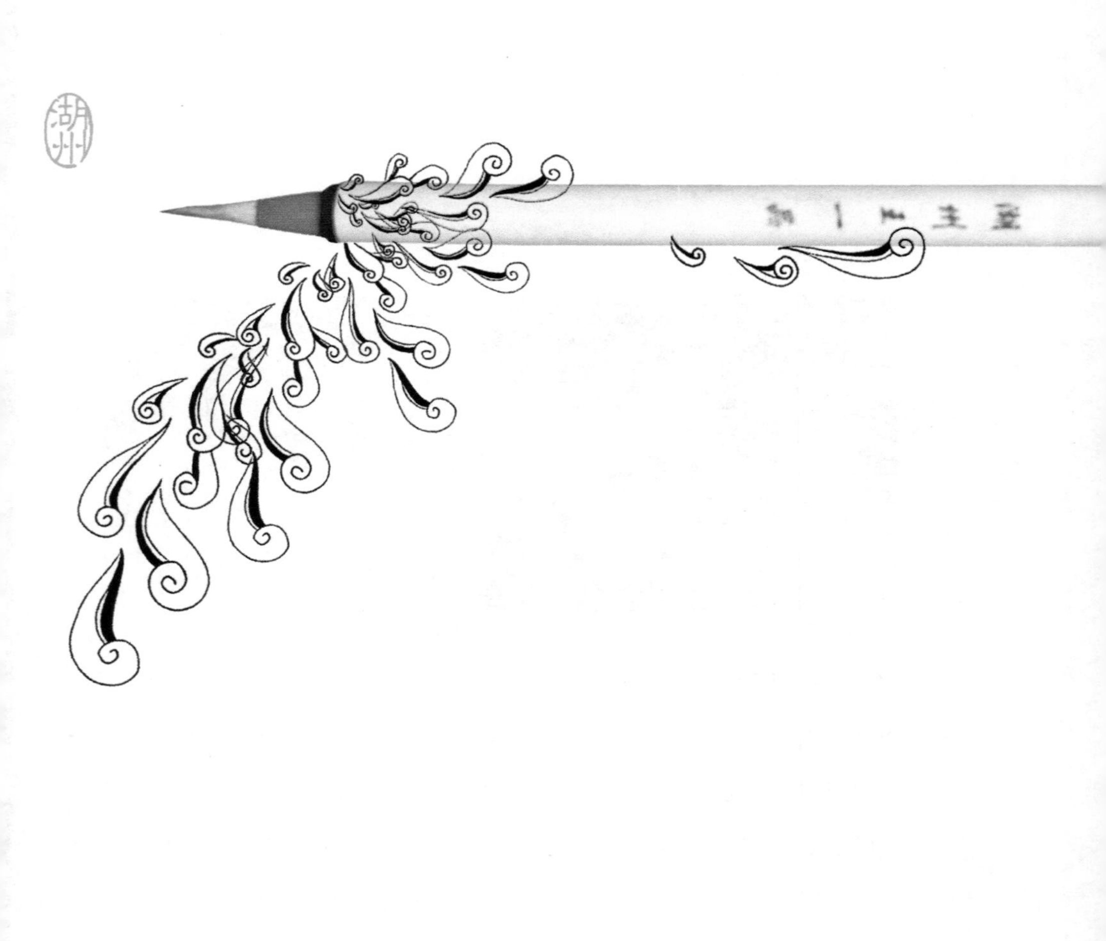

# 湖笔制作技艺的现状

湖笔是古代社会的产物，进入近现代后，它的功用逐渐下降，市场日益缩小。尤其是自上世纪九十年代起，现代经济、技术、文化的发展给湖笔制作行业带来了更大的冲击，使传统湖笔制作技艺的传承、延续产生了种种困难，面临产业萎缩、技艺失传、后继乏人的濒危境地。

# 湖笔制作技艺的现状

## [壹]湖笔制作技艺的濒危状况及原因

湖笔是古代社会的产物，进入近现代后，它的功用逐渐下降，市场日益缩小。尤其是自上世纪90年代起，现代经济、技术、文化的发展给湖笔制作带来了更大的冲击，使传统湖笔制作技艺的传承、延续产生了种种困难，面临产业萎缩、技艺失传、后继乏人的濒危境地。

（1）湖笔产业的不景气，首先有其根本上的原因。湖笔属于劳动密集型产品，尽管其品牌享有很高声誉，但在传统的生产、经营方式之下，湖笔制作一直是微利行业，如同善琏笔工自嘲“笔空头”的情状，因此，即使在市场销售很旺的上世纪50年代，湖笔企业的效益也很平常，只能应付正常运转，缺乏自我发展的资金积累能力。湖笔又是技术要求很高的手工行业，培养一个熟练笔工并非易事，并且手工生产效率有限，难以扩大生产规模。据1963年吴兴县手工业管理局《关于湖笔出口情况和今后意见的报告》，当年外销需求高档毛笔六万支，而善琏湖笔厂只能完成一万二千支，低档品种需求为二十万支，湖笔厂只能完成十二万支。据测算，要完成外销任务，至少需增加一百二十名笔工，而这在短期内是无法解决的。因此，湖笔行业长期以来一直处于低水平运营的状态。

（2）社会书写工具的不断创新，使湖笔经历了一次比一次更为严峻的挑战。从上世纪初开始，外来的钢笔、圆珠笔逐渐成为人们的主要书写工具，毛笔使用群体就开始日益减少。自90年代起，随着现代电脑、网络等科技手段的逐渐普及，传统书写方式更是受到了颠覆性的冲击，毛笔已完全退出了日常书写工具的领域，使用者只有为数很少的书画家及业余爱好者。近年来学校的毛笔字课也纷纷取消，学生用笔大量减少。湖笔因此失去了最广泛的使用群体和市场，加速了产业的萎缩，湖笔企业普遍经营困难，面临生存的危机。

（3）毛笔产品的一个特点是其质量、品牌难以从外观上明确辨识，这就给假冒伪劣行为提供了很大的可趁之机，加以我国刚步入市场经济，市场不够有序，监管乏力，因此近年来在毛笔市场上假冒湖笔品牌的现象十分严重。一些国内个体制笔作坊以粗制滥造的低成本、低质量产品在市场上冒湖笔品牌之名，而又压低价格进行不正当竞争，坚持精工精料制作技艺的湖笔企业，其成本就远高于假冒伪劣产品的销售价，根本无法竞争。近年来笔毛料、笔管料等原材料又普遍大幅度涨价，在此双重夹击下，湖笔企业为生存而被迫削减成本，工艺简化、粗放。如以择笔工序为例，旧时制作“大货”毛笔，一名熟练笔工按传统精工细作的要求，每天只能择八至十支笔，而现在根据成本控制来核定生产额，每位工人每天需择不少于

八十支笔，才能得到最基本的工资。在这样的情况下，传统制作技艺显然难以为继，日益面临变异、退化甚至失传的危险。事实上，部分传统产品的制作技艺已经失传，如羊毫、狼毫的“兰竹”笔，其特殊形态的笔头如今基本上已无人能做。

（4）随着时间的推移，掌握传统技艺的老一代笔工逐渐退休，并不断有人离开人世。但由于传统湖笔企业经济效益低下，笔工收入很低，因此，一些中青年技工也无法安心生产，纷纷离厂弃笔，而青年人愿意从事湖笔制作的人更是越来越少。目前在善琏湖笔厂，四十岁以下的职工仅剩个别，而向社会招收新员工又基本上没有成效，制笔技工出现断层，制作技艺后继乏人的局面日益严重。

### [贰]湖笔制作技艺的保护措施

（1）已采取的保护措施。鉴于湖笔作为中国毛笔代表性精品的独特地位，湖笔制作又一直属弱势行业，因此，自新中国成立以来，政府就经常采取扶持、保护的措施。1961年、1963年、1966年，当时的吴兴县手工业管理局、中共吴兴县委宣传部、吴兴县人民委员会等党委、政府部门，就湖笔的生产状况、出口问题等作过多次调研，并提出相应的措施；1980年，国家轻工业局将善琏湖笔厂列入挖潜、革新、改造重点措施项目，提供二十万元贴息贷款用于改造设施；1983年、1987年，就湖笔制作技艺的保密问题，中共浙江省委、中共湖州市委等所辖保密委员会办公室曾专门致函有关部门，要求做好工艺保密工作；自2001年起，浙江省、湖州市有关部门为保护湖笔传统工艺，每年都有专项资金补助，扶持善琏湖笔厂、王一品斋笔庄等重点湖笔企业；2001年，王一品斋笔庄向国家质检总局申请了“原产地标记准用证”，善琏湖笔厂的“双羊牌”和王一品斋笔庄的“天官牌”湖笔，向浙江省工商行政管理局申请“浙江省著名商标”成功；为扩大湖笔的影响，引起对保护湖笔制作技艺的重视，湖州市政府自2001年创办了每两年一届的中国·国际湖笔文化节，至今已举办四届；2006年经过湖州市政府的

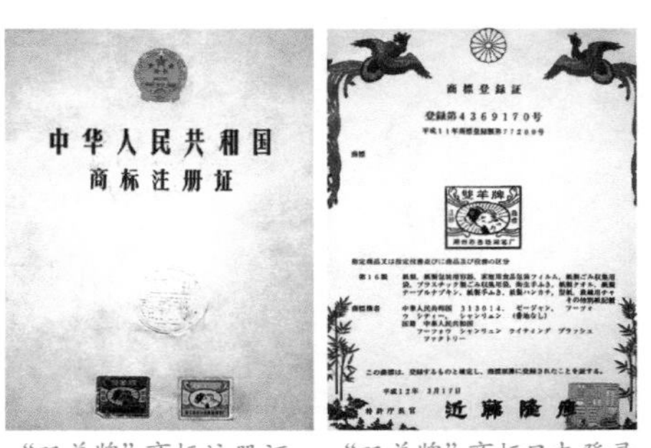

“双羊牌”商标注册证　“双羊牌”商标日本登录

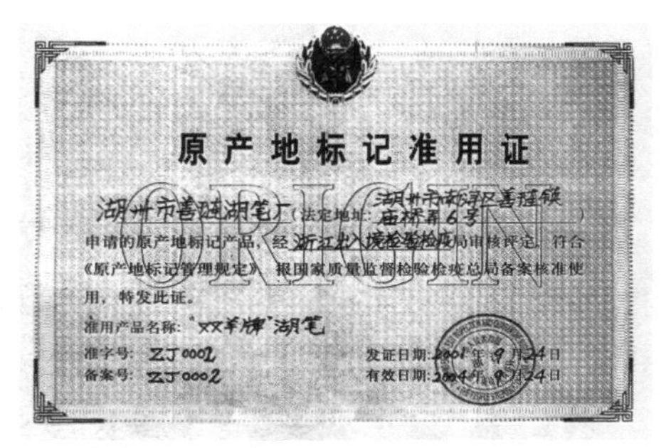
原产地标记准用证

湖州市善琏湖笔厂（法定地址：湖州市南浔区善琏镇庙桥弄6号）

申请的原产地标记产品，经浙江出入境检验检疫局审核评定，符合《原产地标记管理规定》，报国家质量监督检验检疫总局备案核准使用，特发此证。

准用产品名称：“双羊牌”湖笔

准字号：ZJ0002　发证日期：2001年9月24日

备案号：ZJ0002　有效日期：2004年9月24日

“双羊牌”湖笔原产地标记准用证

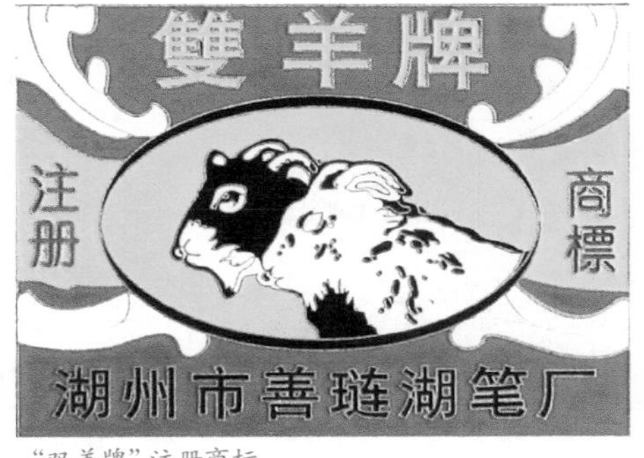

“双羊牌”注册商标

王一品“天官牌”湖笔商标注册证（封面）

王一品“天官牌”湖笔商标注册证（内页）

王一品“天官牌”湖笔原产地标记注册证

申报，湖笔制作技艺成功入选了第一批国家级非物质文化遗产名录；2007年，善琏湖笔厂邱昌明被公布为国家级非物质文化遗产项目代表性传承人。

近年来，政府行业主管部门会同有关职能部门，为保护传统湖笔制作技艺也采取了一系列措施。2001年和2003年，湖州市二轻工业总公司、科学技术协会、工艺美术学会联合先后授予邱昌明等五位制笔技工“湖州市民间工艺美术大师”称号，授予马志良等十二位制笔技工“湖州市工艺美术师”称号；2004年由湖州市总工会、劳动和社会保障局、二轻工业总公司联合组织开展了全市首届湖笔制作技能比赛；2005年，湖州市二轻工业总公司会同第三届中国·国际湖笔文化节办公室组织开展了“湖笔名企（坊）、名品、名师”比赛活动。

（2）今后保护工作对策。多年来，尽管各级政府采取了一系列保护湖笔制作技艺的措施，但由于没有针对湖笔制作技艺濒危的根本原因，出发点往往偏重于扶持湖笔产业发展，采取的措施也不够配套、有力，所以收效有限，未能从根本上扭转湖笔制作技艺濒危的状况。

2004年，善琏镇被授予"中国湖笔之都"

今后的保护工作首先要解决认识上的问题，即保护湖笔制作技艺与扶持湖笔产业并不等同。湖笔制作技艺濒危固然与产业萎缩有关，但并不能就此认为产业发展是传统手工技艺得以保护和传承的前提。湖笔产业总体上的缩小是时代发展、社会进步所造成的，这将是难以逆转的态势。而湖笔制作技艺保护可以在局部范围、针对特定市场进行，不一定依赖产业规模的发展。重要的是真正将保护、扶持的立足点转到作为珍贵非物质文化遗产的传统湖笔制作技艺上来。

依据以上思路，今后的保护工作应着重采取两方面的措施：

一是建立湖笔制作技艺保护基地。这种基地形态为小规模的湖笔作坊，集中现有掌握传统技艺的老技工及代表性传承人，坚持

中国湖笔博物馆正面

按照传统制作技艺进行生产，并同时做好带徒传艺工作。产品以高档精品为主，针对特定市场进行小批量甚至限额生产，尽可能提高其文化遗产品牌、传统手工技艺含量等稀缺资源的附加值，以优质、高价弥补小规模生产的高成本，由此追求较好的经济效益。这样做既确保了传统制作技艺的保护与传承，维护了传统手工艺精品的声誉，并真正体现其历史的、艺术的价值，同时通过经济效益的提高，改善传承人及学艺人员的生活待遇，使年轻学艺者能有较高的积极性，从而改变后继乏人的局面。

二是加强对传统湖笔精品的品牌保护。湖笔制作技艺的精湛性主要体现于产品的内在品质，对于一般消费者来说是无法从外观上辨识笔的优劣的，因此，这就给假冒作伪者提供了方便——只要在笔上刻上湖笔厂家名号及贴上名牌商标，就很容易鱼目混珠。假冒伪劣产品的充斥成为湖笔制作技艺濒危的一个突出的原因，必须采取扎实有力的措施进行品牌保护。分析市场现状，采取打假的手段几乎是行不通的，因为要涉及很大的地域、人群范围，会遇到方方面面的阻力，其成本巨大而难以承受。主动有效的途径是做好防伪工作，最可能成功的办法是利用先进的现代信息技术。具体的做法是，与保护基地的小规模生产相关联，每一支精品湖笔都应建立产品档案，有自己的包括制作情况的文字记录、照片、编号在内的“身份证”，并在最广泛的信息通道——互联网上建立档案数据库，可以任消费者随时随地上网查对，确认品牌湖笔的真实性。防伪的真正到位，才能确保精品湖笔的高品质和高价值，从整体上形成保护—效益—保护的良性循环，为保护基地的可持续运行提供坚实的基础。

中國湖筆博物館
江澤民
二〇〇三年十月十七日

江泽民题中国湖笔博物馆

王一品斋笔庄经理许阿乔（左）与启功（右）
（2001年于启功寓所）

# 附录：有关湖笔史料辨析

湖笔与文人有密不可分的关系，因此，有关湖笔的事项在史籍文献中不乏载录。但其中有些载录失之有据，或多有错讹，而当前各种研究、绍介文章在引用时不能详察，造成以讹传讹。现将在编著本书过程中发现的有关史料存在的问题试加辨析，以供参考及探讨。

## 一、关于元、明时期的笔工“陆颖”及“陆文宝”

在文人典籍与地方史志中，对元、明时期湖州笔工“陆颖”提到很多，举例如下：

元末明初湖州人沈梦麟《赠笔生陆文俊》诗：“吴兴阁老松雪翁，书法直与钟王同，当时笔家争效技，陆颖一出超群工。呜呼颖也收声久，诸孙文豹昌其后。……”

明成化《湖州府志》卷八：“笔，出归安县东南善琏村，昔有冯应宝、陆颖皆善制笔。”

明弘治《湖州府志》卷八完全引用了成化《湖州府志》的记载。

明万历《吴兴备志》卷二六：“笔工之良者莫如吴兴，在元有陆颖，……赵子昂精于书法，其所用笔皆出自颖。”

明初解缙《题缚笔帖》：“书，文艺尔，非得善笔，羲、献复生无所用其巧。吾寻常欲作佳书，为传后计，非陆颖笔不可。陆颖本农家，而善缚笔。长子尤能知笔之病，次子亦能缚笔。”[1]

从上述的记载中，首先就出现了一个问题，陆颖到底是什么时代的人？前四则记载还是比较统一的，即陆颖是元代人，大致与赵孟頫为同时代人，但最后一则却大有问题。解缙说“非陆颖笔不可”，然而赵孟頫与解缙并非同时代人，赵生于南宋宝祐二年（1254年），卒于元至治二年（1322年），解缙生于明洪武五年（1372年），卒于明宣德七年（1432年），按出生年计，两人相隔了一百十八年。因此，他们不可能使用同一个“陆颖”的笔，唯一可能的解释就是上面所说的“陆颖”不是同一个人。

以上记载最可信的当属沈梦麟的诗，因为沈梦麟本是湖州人，生活年代只是稍后于赵孟頫约三十年，他写这首诗时年七十九岁，还在元代末年，而“呜呼颖也收声久”，说明陆颖此时早已不在人世，其与赵孟頫为同时代人当属无疑。

对于这一问题，明代人就已注意，《吴兴备志》卷二六中作出了这样的考证：“按《格古要论》，至正间宇文材为著《笔卦》，张来仪为书《笔对》，而解大绅《笔舫铭》又见吴文定跋，则文宝交游洵广

[1] 《文毅集》卷十五，《四库全书》，上海古籍出版社，1987年版，第1236册。

矣。文定以陆为张，疑误，解又有《题缚笔帖》赠陆颖，当即是文宝也。”结论就是解缙笔下的“陆颖”就是“陆文宝”。需要指出的是，《吴兴备志》称上述内容引自《格古要论》，经查，《格古要论》并没有这段文字。明代朱棠澇的《述古书法纂》中却有类似记载：“京兆宇文材因吴兴笔者陆文宝献其技，乃谓庖羲氏画卦之物，即笔之所系兆也。因作《笔卦》以贻之。”[1]《吴兴备志》可能引据有误。

那么，再来看看陆文宝的生活年代，史籍记载同样颇多疑团，主要有三种说法：

一是“元代说”，如明成化《湖州府志》卷二十：“陆文宝，归安人，善造笔，赵文敏诸公时有诗文奖重。”说明与赵孟頫同为元代人。还有万历《湖州府志》卷三：“相传元时冯应科、陆文宝善制笔……”

二是“元末明初说”，如明代陆树声的《清暑笔谈》载：“国初吴兴笔工陆文宝，蕴藉喜交名士，杨铁老为著《颖命》。托以秦中书令制官……”还有沈梦麟《陆文宝笔花轩》诗：“练水春生洗玉池，陆郎邀我试毛锥……”[2]

[1] 《古今图书集成》第一百四十七卷，台湾鼎文书局，1977年初版。

[2] 《花溪集》卷三，《四库全书》，第1221册。

三是“明代说”，也就是与解缙为同时代人之说。除了上文所引解缙为陆文宝的笔舫题有《笔舫铭》之外，还有解缙所撰《笔妙轩》中提到了陆文宝：“作之之始称蒙恬，后来毛州刺史传，近代喜称陆文宝，如锥如凿还如椽。……闻君制作非寻常，尖齐圆健良有方。”

以上三种说法，第二种最有说服力，因为系沈梦麟的亲历亲见，并且沈与杨铁老（即元末著名诗人杨维桢，号铁崖）是同时代人，可以互证。沈在诗中称陆文宝为“陆郎”，说明陆还很年轻，而此时赵孟頫去世大约已三十多年，可见不可能与陆文宝有交往，因此，第一种说法几乎可以排除。

再看第三种说法，其中包含着两个问题。第一个问题是，陆文宝是否与解缙曾经同存于世？应该说这种可能性是存在的。我们以杨铁崖的生平来推论，杨的生卒年为元元贞二年（1296年）至明洪武三年（1370年），比解缙大七十六岁。设想陆文宝比杨铁崖小三十岁，则比解缙大四十六岁，如果陆文宝寿命不短，他们是有可能同存一世的。第二个问题是，解缙所说“非陆颖笔不可”中的“陆颖”，会不会就是如《吴兴备志》中所推论的即指“陆文宝”？应该说这一点是大有疑问的。首先，从年龄上说，两人相差至少四十岁，解缙成人时，陆文宝已六十余岁，偌大年纪能不能制出令解缙非用不可的笔是很值得怀疑的。其次，即以解缙亲作的《笔妙轩》来分析，其中的“近代喜称陆文宝”，似乎并非指的是“当代的陆文宝”，而是指“近代”，也就是以前的陆文宝。还有“闻君制作非寻常”，也是一种“听说”的意思，并不是解缙的亲历亲见，这与“近代喜称”在语意上是完全吻合的。再次，还可以作为佐证的是，与解缙同时代的曾棨（比解缙小三岁），有一首写给陆文宝的儿子陆继翁的诗，题为《赠笔工陆继翁诗》，其中道：“惜哉文宝久已死，尚有家法传继翁。我时得之一挥洒，落纸欲挫词场锋。枣心兰蕊动光彩，栗尾鸡距争奇雄。”由此可见，陆文宝寿命也不会很长，甚至可能在解缙成人前即已去世。综合以上情况，解缙所说的“陆颖”不大可能是“陆文宝”，《吴兴备志》的推论是不可靠的。

那么，解缙在《题缚笔帖》中提到的“陆颖”又是谁呢？据推断，很有可能就是陆文宝的儿子陆继翁。从上述曾棨《赠笔工陆继翁诗》中可见，其时陆继翁已是一位制笔高手，所制笔已是“枣心兰蕊动光彩，栗尾鸡距争奇雄”，为解缙所喜用也是情理之中。再以解缙的《题缚笔帖》来分析，其中说“陆颖本农家，而善缚笔。长子尤能知笔之病，次子亦能缚笔”，如果其中的“陆颖”是指“陆文宝”，那么作为儿子的陆继翁仅仅是“尤能知笔之病”，仿佛是初出道的笔工，与曾棨笔下的陆继翁完全不是一回事了。

综上所述，对史籍中所载的元、明时期的笔工“陆颖”及“陆文宝”，我们可以理出这样一个头绪：元代的陆颖与赵孟頫同时代；元末明初的陆文宝与沈梦麟、杨铁崖同时代；明代的陆颖，即陆文宝的儿子陆继翁与解缙、曾棨同时代。

由上引出一个值得思考的问题，为什么在不同时代先后出现了两个“陆颖”，令古人也混淆不清。上文指出明代的“陆颖”即为陆继翁，那么为何解缙不直呼其名，而要再生造出一个称呼呢？其实，这里的关键就在于对“颖”的理解。“颖”本身就有“毛笔”的意思，唐代韩愈为毛笔取了个名字叫“毛颖”，而专门作了一篇著名的《毛颖传》，自此，“颖”就成了毛笔的代名词。如元末明初的张光弼在《赠湖州杨均显制笔》诗的最后两句道：“颖也此诗须自荐，国家用尔颂太平。”就用“颖”指称笔。因此，元代固然出了一个笔工陆颖，但到了明代，解缙所说的“陆颖”，就并非是笔工名字了，其实就是“陆笔”的意思，也就是“陆家的笔”。从元代陆颖开始，陆家成了著名的制笔世家，同族中先后出现了陆文俊、陆文宝、陆继翁等制笔名匠，“陆颖”实际上已成为一种陆姓家族制笔的品牌，人们往往就把它作为陆家笔工的指代词，所以，陆继翁也就很可能被顶上了“陆颖”的名号。还有一种可能是，在陆继翁的时代，陆家干脆把所制的笔冠名为“陆颖”，其中缘由一是自家的前辈曾出过一位名师“陆颖”，二是名人杨铁崖为父辈陆文宝写过一篇《颖命》。“命”是古代的一种文体，是帝王任命官员、赏赐诸侯的册命文辞，杨铁崖应该是用一种轻松的笔调，以虚拟的“中书令”官出面对陆文宝的制作技艺进行一番夸赞。也许“陆颖”就这样名传一时并成为陆继翁的代名词了。

## 二、关于元代笔工“徐信卿”与“冯陆齐名”关系

所谓“冯陆齐名”，是指元代湖州笔工冯应宝、陆文宝，两人皆技艺精湛，史志中常常把他俩并称。如明万历《湖州府志》卷三载：“相传元时冯应科、陆文宝善制笔……”对此，清同治《湖州府志》卷九四中有一段关于“冯陆齐名”由来的引述，称：“元末笔工徐信卿，名重缙绅间。玉溪尚书赵公以徐制法授吴兴冯应科，俾之日缚一管，不合意即折裂复为之，必如法乃止。松雪翁乃玉溪从子，尝亲见

其事，故以此法授之陆颖。冯、陆齐名，实本于此。”意思是赵孟頫的叔父从“徐信卿”那里学来制笔法，赵孟頫亲见其事，将它又传授给“陆颖”，冯、陆似乎同出于“徐信卿”的师门，所以会一同成名。这篇文字一开头就出了错：“元末笔工徐信卿”，元末的人与南宋的赵孟頫的叔父怎么碰得见呢？再有，制笔之法就这么简单？官至吏部尚书的玉溪公竟能自已学会还去教冯应科，而赵孟頫只是“亲见其事”，又去教陆文宝。姑且说赵氏叔侄是以自已书法家的心得对制笔法进行一些指导，但这样的指导会有如此成败攸关的作用，竟能使两人因此而成为“齐名”的大师？这其中的故事性也太强了点。然而，这篇文字最大的失误在于，原文附注称引自明代李日华的《六研斋杂缀》，而李日华的著作并无《六研斋杂缀》，书名相似的有两种，一是《六研斋笔记》，以及《二记》、《三记》，二是《紫桃轩杂缀》，以及《又缀》。但就是在这几本著作中，也找不到以上的这段文字。并且，其中的笔工“徐信卿”，在其他的史志典籍中，包括梁同书的《笔史》，也未见有载录。综上所述，我们有理由怀疑这段记载是杜撰的，并不可信。

## 三、关于笔工“张进中”

在当今的许多著述中，都把“张进中”列入元代湖州著名笔工的名单。张进中在史料中多有记载，把他作为湖州笔工的主要根缘，是他与赵孟頫关系甚密。元代王士熙撰《张进中墓表》：“如淇上王仲谋、上党宋齐彦、吴中赵子昂，皆与之善。”[1]赵孟頫还作有《赠张进中笔生》诗，全诗云：“平生翰墨空余习，喜见张生缚鼠毫。韩子未容夸兔颖，涪翁底用赋猩毛。黑头便有中书意，黄纸宁辞署字劳。千古无人识羲、献，世间笔冢为谁高”。[2]由于赵孟頫是湖州人，其时湖州笔工也正出名，所以相关联地把张进中也归于湖州笔工，但这一点其实是牵强附会的。首先，《张进中墓表》提到：“张进中，居京师有年，耆老之一也。”没有说出其原籍，只是说在北京居住多年。其次，王恽（即王仲谋）也有《赠笔工张进中》诗，其中云：“进中本燕产，茹笔钟楼市。虽出刘远徒，妙有宣城致。”[3]明确道出了张进中本为北方燕地人。其三，赵孟頫《赠张进中笔生》诗中并未说明他是什么地方的人，但看“喜见张生缚鼠毫”句，其中

[1] 《全元文》卷六八七，江苏古籍出版社，2001年版，第22册。

[2] 《松雪斋集》卷五，《四部丛刊初编》，上海书店据商务印书馆，1926年版重印，第229册。

[3] 引自胡韫玉《笔志·制法》，《朴学斋丛刊》卷四，民国十二年（1923年）安吴胡氏刊本。

的“鼠”即“鼬鼠”，南方人称 “黄鼠狼”，“鼠毫”即为“狼毫”，说明张进中擅长制狼毫笔。狼毫笔的主产地一向在北方，湖笔历来擅胜制作羊毫及兔毫笔，狼毫笔生产很少，当地笔工中就有“南羊北狼”的说法，因此，擅制狼毫笔的张进中应该是北方的笔工。其实，当时隐居湖州并与赵孟頫过从甚密的黄玠，早已道破了这一点。他在《赠制笔沈生》诗中说：“后来雪庵松雪俱善书，始爱都人张生黄鼠须。安知沈郎晚出笔更好，犹及馆阁供欧虞。”明确指出赵孟頫喜爱的是“都人张生”的“黄鼠须”笔。其四，上引《张进中墓表》称赵孟頫与张进中熟识，但这不是发生在赵孟頫的家乡湖州的事，而应该是赵孟頫在北京为官期间的事。因为“皆与之善”的还有王仲谋、宋齐彦，王仲谋是河南人，宋齐彦是山西人，据一般推断，两人也不可能在湖州与张进中相熟，可能的解释是他们与赵孟頫同在京城为官，而共同与张进中来往密切。总之，上述各方面都足以证明张进中并非湖州笔工，而是北方或许是北京的笔工。也许这一点古代人早就弄明白了，因为在历代湖州府志、县志中，都从来没有提及张进中是湖州笔工，这应该是又一有力的证明。

# 后记

湖笔作为中国毛笔精品的代表，历来备受关注，关于湖笔的著述、文章多有出版成册或见诸报刊、网络。但是，从“湖笔制作技艺”角度切入的撰述相对较少，内容一般也不容易详尽。本书作为“浙江省非物质文化遗产代表作丛书”之一，自然必须以“制作技艺”为主要着眼点。因此，内容、结构与其他述介湖笔的著作会有所不同，这也许正可以体现它的特有价值。

出于非物质文化遗产代表作丛书的严肃性和“制作技艺”的高度实践性，本书在撰写过程中十分重视第一手资料的采集，其中包括对历史文献资料的进一步查证和对笔工生产、生活实践的深入现场调查，力求所述内容真实、可信。因此，本书中许多内容可能是首次得以载录而公之于众，对大家进一步了解湖笔及其制作技艺也许不无益处。但是，由于历史文献浩如烟海，笔工生产、生活实践实在过于丰富、繁细，并非短时间内可以较全面把握，并且囿于编著者识见，所以书中的错漏舛误肯定多有存在，望方家及广大读者指正。

本书在撰写过程中得到不少个人、单位的帮助和支持：善琏湖笔厂前党支部书记蒋石铭，帮助组织笔工座谈会，帮助联系老笔工并派员陪同上门采访，提供厂内档案资料，并且其本人系笔工出身，直接提供了许多有价值的素材，付出了相当多的时间和精力；善琏湖笔厂厂长邱昌明、王一品斋笔庄经理许阿乔，都给予了热情支持，帮助提供资料、审阅书稿；善琏镇文化站站长吴水霖，多次陪同采访，帮助拍摄了大量的照片；湖州市图书馆副馆长钱志远主动提供了不少有价值的资料，市图书馆古籍与地方文献室的全体同志，不辞辛劳地多次帮助查找文献资料；中国湖笔博物馆的同志大力协助拍摄照片；编著者所在单位湖州市群众艺术馆更是给予了多方面的支持。在此，对以上提到的个人与单位，以及未能一一提及的许多给予帮助支持的笔工师傅和其他同志，表示衷心的感谢！

本书的部分内容参考、引用了有关作者的撰述成果，主要有徐华铛、汤建驰的著作《湖笔》，嵇发根的《湖笔历代著名工匠考》等，在此一并致谢！

本书的照片主要由善琏湖笔厂和王一品斋笔庄提供，原拍摄者已无从知晓。新照片主要由吴水霖拍摄，征得其本人同意，书中不再一一注明，敬请有关者谅解。

《湖笔制作技艺》编委会主任：宋捷；副主任：张国强；委员：冯伟、王春、程建中。

出版人　蒋　恒
项目统筹　邹　亮
责任编辑　方　妍
装帧设计　任惠安
责任校对　程翠华

装帧顾问　张　望

**图书在版编目（CIP）数据**

湖笔制作技艺/程建中编著.—杭州：浙江摄影出版社，2009.5（2023.1重印）
（浙江省非物质文化遗产代表作丛书/杨建新主编）
ISBN 978-7-80686-757-0

Ⅰ.湖…　Ⅱ.程…　Ⅲ.毛笔—制造—湖州市　Ⅳ.TS951.11

中国版本图书馆CIP数据核字（2009）第040953号

**湖笔制作技艺**

**程建中　编著**

**出版发行**　浙江摄影出版社
地址　杭州市体育场路347号
邮编　310006
网址　www.photo.zjcb.com
电话　0571-85170300-61010
传真　0571-85159574
**经　　销**　全国新华书店
**制　　版**　浙江新华图文制作有限公司
**印　　刷**　廊坊市印艺阁数字科技有限公司
**开　　本**　960mm×1270mm　1/32
**印　　张**　5.25
2009年5月第1版　　2023年1月第3次印刷
ISBN 978-7-80686-757-0
**定　　价**　42.00元